国之重器出版工程

国防现代化建设

航天先进技术研究与应用系列

弹用发动机
原理及新进展

Missile Engine
Principle and Progress

关英姿 韦常柱 浦甲伦 编著

中国工信出版集团   哈尔滨工业大学出版社
HARBIN INSTITUTE OF TECHNOLOGY PRESS

内 容 简 介

本书共 10 章,前 4 章主要介绍气体动力学基础、化学火箭发动机的工作参数和性能参数计算、化学推进剂及燃烧等内容;第 5、6 章介绍了液体火箭发动机的基本部件及发动机气液系统的工作原理;第 7、8 章介绍了固体火箭发动机的基本组件、固体推进剂的燃速、固体推进剂装药及零维内弹道计算方法;第 9 章介绍了冲压发动机的进气道、燃烧室、尾喷管的工作原理、冲压发动机的性能参数计算及特征截面气流参数的计算;第 10 章介绍了未来先进弹用发动机和组合动力技术。

本书可作为高等院校飞行器设计专业及相关专业本科生和研究生的教学用书,也可供有关专业技术人员参考使用。

图书在版编目(CIP)数据

弹用发动机原理及新进展/关英姿,韦常柱,浦甲伦编著. —哈尔滨:哈尔滨工业大学出版社,2019.1
国之重器出版工程 航天先进技术研究与应用系列
ISBN 978 − 7 − 5603 − 5911 − 3

Ⅰ.①弹… Ⅱ.①关… ②韦… ③浦… Ⅲ.①火箭发动机-研究 Ⅳ.①V43

中国版本图书馆 CIP 数据核字(2016)第 062200 号

策划编辑 杜 燕
责任编辑 范业婷 王晓丹
出　　版 哈尔滨工业大学出版社
社　　址 哈尔滨市南岗区复华四道街 10 号 邮编 150006
传　　真 0451 − 86414749
网　　址 http://hitpress.hit.edu.cn
印　　刷 固安县铭成印刷有限公司
开　　本 710mm×1000mm 1/16 印张 15.25 字数 257 千字
版　　次 2019 年 1 月第 1 版 2019 年 1 月第 1 次印刷
书　　号 ISBN 978 − 7 − 5603 − 5911 − 3
定　　价 68.00 元

专家委员会委员（按姓氏笔画排列）：

于　全　中国工程院院士

王少萍　"长江学者奖励计划"特聘教授

王建民　清华大学软件学院院长

王哲荣　中国工程院院士

王　越　中国科学院院士、中国工程院院士

尤肖虎　"长江学者奖励计划"特聘教授

邓宗全　中国工程院院士

甘晓华　中国工程院院士

叶培建　中国科学院院士

朱英富　中国工程院院士

朵英贤　中国工程院院士

邬贺铨　中国工程院院士

刘大响　中国工程院院士

刘怡昕　中国工程院院士

刘韵洁　中国工程院院士

孙逢春　中国工程院院士

苏彦庆　"长江学者奖励计划"特聘教授

苏哲子　中国工程院院士

李伯虎　中国工程院院士

李应红　中国科学院院士

李新亚　国家制造强国建设战略咨询委员会委员、
　　　　中国机械工业联合会副会长

杨德森　中国工程院院士

张宏科　北京交通大学下一代互联网互联设备国家
　　　　工程实验室主任

陆建勋　中国工程院院士

陆燕荪　国家制造强国建设战略咨询委员会委员、原
　　　　机械工业部副部长

陈一坚　中国工程院院士

陈懋章　中国工程院院士

金东寒　中国工程院院士

周立伟　中国工程院院士

郑纬民　中国计算机学会原理事长

郑建华　中国科学院院士

屈贤明　国家制造强国建设战略咨询委员会委员、工业和信息化部智能制造专家咨询委员会副主任

项昌乐　"长江学者奖励计划"特聘教授，中国科协书记处书记，北京理工大学党委副书记、副校长

柳百成　中国工程院院士

闻雪友　中国工程院院士

徐德民　中国工程院院士

唐长红　中国工程院院士

黄卫东　"长江学者奖励计划"特聘教授

黄先祥　中国工程院院士

黄　维　中国科学院院士、西北工业大学常务副校长

董景辰　工业和信息化部智能制造专家咨询委员会委员

焦宗夏　"长江学者奖励计划"特聘教授

前　言

弹用发动机在导弹的研究中占有重要地位,被称为导弹的心脏。在导弹70多年的发展历程中,弹用发动机也历经了数次变革,并呈现出液体火箭发动机、固体火箭发动机、弹用涡喷发动机、涡扇发动机、冲压发动机等多种动力装置同时使用的多元化局面。一直以来各国学者对导弹新型动力装置的研制从未停止,超燃冲压发动机等新型动力系统有望成为未来高超声速导弹的理想动力装置。

全书共10章,其中前4章为气体动力学基础和化学火箭发动机的基本理论部分,系统地阐述了气体动力学基础、化学火箭发动机工作过程的主要工作参数和性能参数计算、化学推进剂及燃烧;第5、6章阐述了液体火箭发动机的基本部件及发动机气液系统的工作原理;第7、8章阐述了固体火箭发动机的基本组件、固体推进剂的燃速、固体推进剂装药及零维内弹道计算;第9章阐述了冲压发动机的进气道、燃烧室、尾喷管的工作原理、冲压发动机的性能参数计算及特征截面气流参数的计算;第10章介绍了未来先进弹用发动机和组合动力技术。

本书在内容安排和叙述上,既保证了内容的全面性,又注意详略得当、重点突出,同时注重讲清基本概念和基本原理,结构合理,语言流畅易懂,适于读者阅读。

为便于读者阅读与弹用发动机技术相关的英文文献,作者对书中出现的专业术语均用黑体字示出,并给出对应的英文词汇。书中每章的前面均有内容提要,每章的最后附有练习题,以便于读者自学。

在编写过程中,编者参阅了大量文献并引用了部分文献的研究成果,特此向相关作者致谢。另外,编者在编写过程中得到了许多学生的帮助,在此深表谢意。

    本书可作为高等院校飞行器设计专业及相关专业本科生和研究生的教学用书和参考书,也可供航天领域的科研人员参考使用。

    由于编者水平有限,书中的疏漏与不妥之处在所难免,衷心希望读者批评指正。

编　者

2018 年 9 月于哈尔滨

主要符号表

a	声速;燃速系数	n	泵的转速;燃速压力指数
A	面积;喷嘴的几何特性参数	n_s	泵的比转速
A_b	药柱的燃面面积	p	压力
c	有效排气速度	p_3	外界反压
c_p	比定压热容	P_{chem}	化学火箭发动机的功率输入
c_V	比定容热容	$P_{vehicle}$	飞行器的功率
C^*	特征速度	P_S	比功率
C_d	流量系数	P_T	涡轮的功率
C_D	进气道阻力系数	P_p	泵的功率
C_F	推力系数	q	流量函数
e_1	药柱肉厚	q_1	单位质量工质的加热量
f	油气比	q_2	单位质量工质的放热量
F	推力	Q	体积流量
g_0	海平面重力加速度	Q_0	单位时间内燃料完全燃烧产生的热量
h	比焓;薄膜传热系数		
H	扬程	Q_1	单位时间内燃料燃烧产生的热量
H_u	燃料的热值		
I_s	比冲	r	装药的燃速
I_t	总冲	R	气体常数
I_d	密度比冲	s	比熵
k	比等压热容与比定容热容之比;导热系数	t_b	药柱的燃烧时间
		T	温度
K	燃喉比	v_0	飞行器的飞行速度
L^*	燃烧室特征长度	v_1	喷管入口气流速度
L_e	循环有效功	v_2	喷管出口气流速度
$\dot{m}$	质量流量	V	比容
Ma	马赫数	V_c	燃烧室容积
m_p	总的推进剂质量	α	喷管扩张半角

γ　　　混合比

ε　　　喷管扩张比;星角系数

η_b　　　燃烧效率

η_i　　　内效率

η_p　　　推进效率

η_T　　　涡轮效率

η_{th}　　　热效率

θ　　　加热比

λ　　　速度系数

μ　　　1 mol 气体的质量

ξ_d　　　流量修正系数

ξ_c　　　燃烧室效率

ξ_F　　　喷管效率,推力修正系数

ξ_{I_s}　　　比冲效率

ρ　　　密度

ρ_{av}　　　平均密度

σ　　　总压恢复系数;吸入参数

σ_p　　　燃速的温度敏感系数

φ　　　出口面积充实系数

$\dot{\omega}$　　　推进剂的重量流量

π_K　　　压力的温度敏感系数

上下角标

0　　　自由来流

*　　　滞止参数

cr　　　临界参数

e　　　冲压发动机喷管出口截面

f　　　燃料

o　　　氧化剂

max　　　最大值

oa　　　发动机系统

t　　　喷管喉部

T　　　涡轮

目 录

第1章　绪论…………………………………………………………………… 1

1.1　弹用发动机的定义和分类 ………………………………………… 2

1.2　弹用化学火箭发动机 ………………………………………………… 3

　　1.2.1　弹用液体火箭发动机 ……………………………………… 3

　　1.2.2　弹用固体火箭发动机 ……………………………………… 6

1.3　弹用空气喷气发动机 ………………………………………………… 8

　　1.3.1　弹用涡轮喷气发动机 ……………………………………… 8

　　1.3.2　弹用涡轮风扇发动机 ……………………………………… 9

　　1.3.3　弹用冲压发动机 ……………………………………………10

1.4　固体火箭冲压发动机 ………………………………………………13

1.5　发动机的适用范围 …………………………………………………14

　　思考题 ……………………………………………………………………16

第2章　气体动力学基础 …………………………………………………17

2.1　完全气体 ………………………………………………………………18

2.2　声速与马赫数 ………………………………………………………19

2.3　一维定常流动基本方程 ……………………………………………19

2.4　几个重要的气流参数 …………………………………………… 20

　　2.4.1　静参数与滞止参数 ……………………………………… 20

　　2.4.2　临界参数 ………………………………………………… 21

　　2.4.3　速度系数 ………………………………………………… 22

2.5　喷管的基本关系式 ……………………………………………… 22

2.6　喷管的工作状态 ………………………………………………… 24

　　2.6.1　收缩喷管 ………………………………………………… 24

　　2.6.2　拉瓦尔喷管 ……………………………………………… 25

2.7　一维定常等截面加热管流 ……………………………………… 26

　　2.7.1　瑞利线 …………………………………………………… 26

　　2.7.2　加热对气流参数的影响 ………………………………… 28

思考题 …………………………………………………………………… 30

第3章　化学火箭发动机的主要参数和基本关系式 ……………………… 31

3.1　推力 ……………………………………………………………… 32

3.2　总冲和比冲 ……………………………………………………… 35

3.3　喷管出口速度与有效排气速度 ………………………………… 37

3.4　喷管的流量和面积比 …………………………………………… 38

3.5　特征速度 ………………………………………………………… 41

3.6　推力系数 ………………………………………………………… 41

3.7　喷管内气流参数计算 …………………………………………… 46

3.8　功率与效率 ……………………………………………………… 48

3.9　实际的化学火箭发动机 ………………………………………… 50

思考题 …………………………………………………………………… 52

习题 ……………………………………………………………………… 52

第4章　化学推进剂及燃烧 ………………………………………………… 55

4.1　液体火箭推进剂 ………………………………………………… 56

　　4.1.1　液体推进剂的分类 ……………………………………… 56

　　4.1.2　对液体推进剂的要求 …………………………………… 58

　　4.1.3　液体氧化剂 ……………………………………………… 60

　　4.1.4　液体燃烧剂 ……………………………………………… 62

　　4.1.5　液体推进剂发展趋势 …………………………………… 63

4.2　固体推进剂 ·· 64
　4.2.1　双基推进剂 ·· 65
　4.2.2　复合推进剂 ·· 67
　4.2.3　改性双基推进剂 ·· 71
　4.2.4　高能固体推进剂及其新进展 ························ 72
4.3　液体推进剂的燃烧 ·· 74
4.4　固体推进剂的燃烧 ·· 75
　4.4.1　双基推进剂的燃烧机理 ······························ 75
　4.4.2　复合推进剂的燃烧机理 ······························ 76
思考题 ·· 78

第5章　液体火箭发动机的基本部件 ···················· 80

5.1　推力室 ··· 81
　5.1.1　燃烧室的容积和形状 ·································· 82
　5.1.2　喷管的形状 ·· 84
　5.1.3　推力室的冷却 ·· 86
　5.1.4　喷注器 ·· 95
5.2　涡轮泵 ··· 102
　5.2.1　涡轮 ··· 102
　5.2.2　泵 ·· 104
5.3　阀门 ·· 110
5.4　推力室设计计算举例 ·· 112
思考题 ·· 115
习题 ··· 115

第6章　液体火箭发动机气液系统 ························· 117

6.1　推进剂供应系统 ·· 118
　6.1.1　挤压式供应系统 ·· 118
　6.1.2　泵压式供应系统 ·· 121
　6.1.3　燃气发生器循环的输送关系 ························ 126
6.2　贮箱增压系统 ··· 128
　6.2.1　气瓶增压系统 ·· 128
　6.2.2　推进剂汽化增压系统 ·································· 131

6.2.3　化学增压系统 ···························· 131

  6.3　吹除与预冷系统 ···························· 132

      6.3.1　吹除系统 ······························ 133

      6.3.2　预冷系统 ······························ 133

  6.4　液体火箭发动机的启动与关机 ·············· 135

      6.4.1　发动机的启动 ·························· 135

      6.4.2　推进剂组元的点火 ······················ 137

      6.4.3　发动机的关机 ·························· 138

  6.5　整个发动机系统的性能 ···················· 140

  思考题 ···································· 141

  习题 ······································ 141

第7章　固体火箭发动机的基本组件 ················ 143

  7.1　发动机壳体 ······························ 144

  7.2　喷管 ···································· 147

  7.3　点火装置 ································ 150

  7.4　推力矢量控制装置 ························ 152

  7.5　推力终止装置 ···························· 156

  思考题 ···································· 157

第8章　固体火箭发动机装药及零维内弹道计算 ········ 158

  8.1　燃速 ···································· 159

      8.1.1　燃速的经验公式 ························ 159

      8.1.2　燃速的影响因素 ························ 160

  8.2　固体推进剂装药的分类 ···················· 163

  8.3　几种常用装药的特点 ······················ 165

  8.4　单室双推力药柱 ·························· 168

  8.5　零维内弹道计算 ·························· 169

      8.5.1　零维内弹道的基本方程 ·················· 170

      8.5.2　零维内弹道的近似计算方法 ·············· 171

      8.5.3　装药燃面面积和通道截面积的计算 ·········· 173

  思考题 ···································· 176

  习题 ······································ 177

第 9 章　冲压发动机 ……………………………………………… 178

　9.1　冲压发动机概述 …………………………………………… 179

　　9.1.1　进气道 ………………………………………………… 179

　　9.1.2　燃烧室 ………………………………………………… 183

　　9.1.3　尾喷管 ………………………………………………… 184

　9.2　冲压发动机的性能参数 …………………………………… 185

　　9.2.1　推力 …………………………………………………… 185

　　9.2.2　比冲和单位燃油消耗率 ……………………………… 187

　　9.2.3　推力系数 ……………………………………………… 188

　　9.2.4　各种效率 ……………………………………………… 189

　9.3　冲压发动机特征截面气流参数计算 ……………………… 191

　思考题 ………………………………………………………… 195

第 10 章　先进发动机及组合循环推进系统 ………………… 196

　10.1　超燃冲压发动机 ………………………………………… 197

　　10.1.1　超燃冲压发动机的工作循环 ……………………… 197

　　10.1.2　超燃冲压发动机的主要部件 ……………………… 198

　　10.1.3　双模态超燃冲压发动机 …………………………… 201

　　10.1.4　超燃冲压发动机的发展状况 ……………………… 202

　10.2　脉冲爆震发动机 ………………………………………… 204

　　10.2.1　脉冲爆震发动机的工作循环 ……………………… 204

　　10.2.2　脉冲爆震发动机的研究进展 ……………………… 206

　10.3　火箭基组合循环推进系统 ……………………………… 207

　　10.3.1　支板火箭引射 RBCC ……………………………… 208

　　10.3.2　RBCC 的研究进展 ………………………………… 209

　10.4　涡轮基组合循环推进系统 ……………………………… 211

　　10.4.1　TBCC 的基本形式 ………………………………… 211

　　10.4.2　TBCC 的研究进展 ………………………………… 213

　10.5　空气涡轮火箭发动机 …………………………………… 214

附录 ……………………………………………………………… 217

参考文献 ………………………………………………………… 218

名词索引 ………………………………………………………… 223

第 1 章

绪　　论

　　本章首先介绍了弹用发动机的种类，然后介绍了各种弹用发动机（包括液体火箭发动机、固体火箭发动机、涡轮喷气发动机、涡轮风扇发动机、冲压发动机和固体火箭冲压发动机）的工作原理、优缺点及应用实例，最后讨论了发动机的适用范围。

1.1 弹用发动机的定义和分类

弹用发动机是指各种导弹、靶机和无人机上使用的动力装置,其作用是为导弹、靶机和无人机提供飞行中所需的动力。2008 年,文献[1] 在表1.1 中给出了已使用和正在服役的部分导弹采用的发动机数量的统计结果。从表中可看出弹用发动机主要分为涡轮喷气发动机、冲压发动机、液体火箭发动机和固体火箭发动机,这些发动机按工作时是否需要空气可分为两类:一类是**化学火箭发动机**(chemical rocket engine),另一类是**空气喷气发动机**(aerojet engine)。

表1.1 已使用和正在服役的部分导弹采用的发动机数量统计表[1]

	涡轮喷气发动机 (含涡扇喷气 发动机)	冲压发动机 (含固体火箭 冲压发动机)	液体火箭 发动机	固体火箭 发动机	小计
巡航导弹	47(81%)	9(16%)	2(3%)	0(0%)	58
陆射巡航	11(79%)	3(21%)	0(0%)	0(0%)	14
海射巡航	18(100%)	0(0%)	0(0%)	0(0%)	18
空射巡航	18(69%)	6(23%)	2(8%)	0(0%)	26
空地导弹	28(32%)	6(7%)	7(8%)	47(53%)	88
战略空地	8(54%)	2(13%)	3(20%)	2(13%)	15
战术空地	18(33%)	3(5%)	1(2%)	33(60%)	55
反辐射导弹	2(11%)	1(6%)	3(17%)	12(66%)	18
反舰导弹	50(36%)	15(11%)	13(9%)	61(44%)	139
反坦克导弹	1(1%)	1(1%)	0(0%)	78(98%)	80
弹道导弹	0(0%)	0(0%)	21(37%)	36(63%)	57
战略地地	0	0	14(33%)	28(67%)	42
战术地地	0	0	7(47%)	8(53%)	15
防空导弹 (地空)	0(0%)	3(8%)	7(18%)	28(74%)	38
总计	126(27%)	34(7%)	50(11%)	250(55%)	460

空气喷气发动机和化学火箭发动机都属于喷气发动机的范畴,它们都是利用高速喷射燃气产生的反作用力来实现推进的,其本质区别是工作中是否需要空气中的氧。空气喷气发动机只携带燃料,发动机工作时需利用空气中的氧作为氧化剂,因此这种发动机只能在大气层内工作。空气喷气发动机比冲高、续航能力强,因此在巡航导弹、空地导弹、反舰导弹和靶机上得到了广泛的应用。化学火箭发动机是一种自带氧化剂和燃料,不依赖外界空气的喷气发动机,因此使用这种发动机的飞行器的飞行高度不受限制。化学火箭发动机广泛应用于各类导弹,特别是固体火箭发动机已成为各类战略、战术弹道导弹的主要动力装置。

本章首先介绍在导弹中广泛使用的各种化学火箭发动机和空气喷气发动机的组成和工作原理,然后给出了各种发动机的适用范围。

1.2　弹用化学火箭发动机

化学火箭发动机是目前发展得最成熟和应用得最广泛的火箭发动机,本书重点讲述化学火箭发动机。化学火箭发动机的工作原理是:化学推进剂在燃烧室中发生高压燃烧反应,其产生的能量把反应生成的气体加热到很高温度($2\,500 \sim 4\,100\ ℃$),这些气体继而在喷管中膨胀,并在加速到很高的速度($1\,800 \sim 4\,300\ \text{m/s}$)后喷出。按推进剂的物理属性,弹用化学火箭发动机分为弹用**液体推进剂火箭发动机**(liquid propellant rocket engine)和**固体推进剂火箭发动机**(solid propellant rocket engine)两种类型。

1.2.1　弹用液体火箭发动机

液体火箭发动机是液体推进剂火箭发动机的简称,是使用液态化学物质(液体推进剂)作为能源和工质的化学火箭发动机。液体火箭发动机由推力室(由喷注器、燃烧室和喷管构成)、推进剂供应系统、推进剂贮箱和各种自动调节器等组成。

大多数液体火箭发动机使用的是双组元推进剂,即氧化剂组元和燃烧剂组元,它们分别贮存在各自的贮箱中。这种发动机工作时,供应系统将两组元分别经各自的输送管道压送到发动机的头部,由喷注器喷入燃烧室中燃烧,生成高压和高温的燃烧气体,燃气经喷管膨胀加速后,以高速排出,产生推动导弹或飞行器的推力。

　　推进剂供应系统是在所要求的压力下,以规定的混合比和流量,将贮箱中的推进剂组元输送到推力室中的系统。推进剂供应系统包括贮存或产生挤压气体的装置、将推进剂输送到推力室中的增压装置、输送管路及各种自动阀门、流量和压力调节装置。按输送方式不同,推进剂供应系统可分为挤压式供应系统和泵压式供应系统。如图1.1所示,在挤压式供应系统中,高压气体经减压器减压后进入氧化剂贮箱和燃料贮箱,将氧化剂和燃料挤压到推力室中。挤压式供应系统适用于小推力液体火箭发动机。大推力液体火箭发动机使用泵压式供应系统,这种系统是靠涡轮泵给推进剂增压来输送推进剂的。

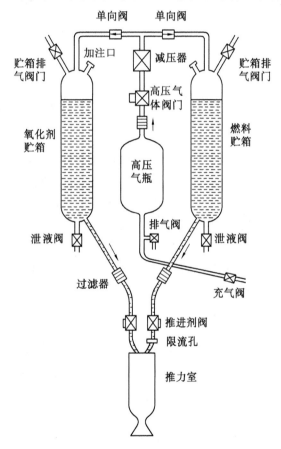

图1.1　挤压式液体火箭发动机系统简图

　　典型的具有挤压式供应系统的液体火箭发动机包括高压气瓶、高压气体阀门、减压器、推进剂贮箱(氧化剂贮箱、燃料贮箱)、推进剂阀门和输送管道。在贮箱被加注满以后,靠遥控打开高压气体阀门,使高压气体经减压器减压后,以定常压力值进入推进剂贮箱中。当推进剂阀门打开后,贮箱内的推进剂在气体的压力作用下被挤压到推力室头部,由喷注器喷入燃烧室中燃烧,生成高压和高温的燃气。燃气经喷管膨胀加速后,以高速排出,产生推力。

图1.2给出了一种泵压式液体火箭发动机系统简图,这是一种燃气发生器循环的泵压式系统,它包括推进剂贮箱、涡轮泵组件、燃气发生器、推力室和涡轮排气喷管等。贮箱内的推进剂经过涡轮泵后,变成了高压液体推进剂。泵后面的一小部分氧化剂和燃料进入燃气发生器内,发生燃烧反应,其产生的燃气用于驱动涡轮,驱动完涡轮的燃气经涡轮排气喷管排出。泵后其余氧化剂和燃料进入推力室,在推力室内发生燃烧反应以及燃气的膨胀加速,最终燃气从推力室内高速排出,从而产生推力。除燃气发生器循环外,液体火箭发动

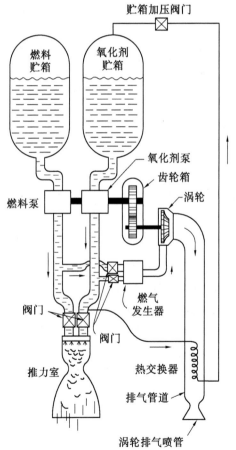

图1.2 泵压式液体火箭发动机系统简图

机常用的循环方式还有膨胀循环和分级燃烧循环,本书第 6 章中将对此进行详细讨论。

液体火箭发动机在弹道导弹、防空导弹和反舰导弹中都得到了应用,特别是第一代战略导弹都是以液体火箭发动机为动力装置的,表 1.2 给出了弹用液体火箭发动机的性能参数。

表 1.2   弹用液体火箭发动机的性能参数

发动机型号	国别	氧化剂 / 燃料	比冲 /s	推力 /kN	应　用
LR – 87 – AJ – 5	美国	N_2O_4 / 混肼 50	285.2	2 107.4(真空)	"大力神 1"洲际弹道导弹第一级发动机
LR – 91 – AJ – 5	美国	N_2O_4 / 混肼 50	309.2	444.8(真空)	"大力神 2"洲际弹道导弹第二级发动机
RD – 111	苏联	液氧 / 煤油	317.2	1 628(真空)	SS – 10 洲际弹道导弹第一级发动机
P8E – 9	美国	红烟硝酸 / 偏二甲肼	—	187(助推)/ 19.6(主)	"长矛"地地导弹发动机
2YF – 1B	中国	红烟硝酸 / 混铵	235	30.4(地面)	"红旗 3"地空导弹主发动机

1.2.2   弹用固体火箭发动机

固体火箭发动机是固体推进剂火箭发动机的简称,使用固体推进剂。它主要由燃烧室壳体、固体推进剂装药、喷管和点火装置等几部分组成。将燃烧用的推进剂通过压伸成型或浇注成型制成所需形状的装药,装于燃烧室中,或者将推进剂直接浇注在燃烧室壳体内,如图 1.3 所示。

发动机工作时,由点火装置点燃点火药。点火药的燃烧产物流经装药表面,将装药迅速加热点燃,并将推进剂的化学能转变成燃烧产物的热能,继而膨胀加速后高速排出,产生推力。

固体火箭发动机燃烧室壳体有整体钢结构和整体纤维缠绕结构两种,对于大型的固体火箭发动机,其壳体和装药常采用分段式。固体推进剂装药在燃烧室内的安装方式主要有贴壁浇注和自由装填两种。前者是指将燃烧室壳体作为模具,推进剂直接浇注到壳体内,与壳体或壳体绝热层黏结;后者是指

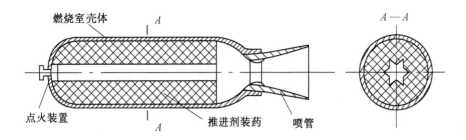

图1.3　固体火箭发动机简图

药柱的制造在壳体外进行,然后装入壳体中。自由装填药柱用在一些小型战术导弹或中等规模的发动机上,一般成本较低,易于检查。贴壁浇注装药则呈现出更好的性能,由于不需要支撑装置和支撑垫片,且绝热层薄,因此与自由装填装药相比,惰性质量略低,有较高的容积装填系数。目前几乎所有的大型固体火箭发动机和许多战术导弹发动机都使用贴壁浇注装药。

与液体火箭发动机相比,固体火箭发动机的突出特点是结构形状简单、所需的零部件少,且一般没有运动件。因此固体火箭发动机可靠性高、维护和操作使用简便。

固体火箭发动机特别适用于各类导弹向小型、机动、隐蔽的方向发展,同时还能提高生存能力,因此在各类战术、战略导弹的动力装置中固体化的趋势已十分明显。表1.3给出了导弹采用的固体火箭发动机的性能参数。

表1.3　导弹采用的固体火箭发动机的性能参数

发动机型号	国别	推进剂	真空比冲/s	推力/kN	应　　　　用
M55A-1	美国	PBAN	267.8	886(真空)	"民兵3"导弹第一级发动机
SR19-AJ-1	美国	CTPB	285.5	309.3(真空)	"民兵2/3"导弹第二级发动机
PD_5-3	美国	NEPE	296.1	133.3(真空)	"三叉戟2"导弹第三级发动机
403	法国	CTPB	264.8	98(地面)	"M-4"导弹第三级发动机
—	美国	HTPB	265.8	104(真空)	"潘兴2"导弹第二级发动机
TX-486	美国	HTPB	244.9	130(真空)	"爱国者"导弹主发动机
—	中国	HTPB	234.5	25(真空)	"霹雳7"导弹发动机

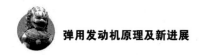

1.3　弹用空气喷气发动机

空气喷气发动机按其对空气的增压方式的不同可分为有压气机式和无压气机式两类,前者包括**涡轮喷气发动机**(turbojet engine)和**涡轮风扇发动机**(turbofan engine),后者包括**冲压发动机**(ramjet engine)。

1.3.1　弹用涡轮喷气发动机

涡轮喷气发动机(简称涡喷发动机)由进气道、压气机、燃烧室、涡轮和尾喷管组成,如图1.4所示。进气道的主要作用是整理进入发动机的空气流,消除紊乱的涡流,使气流沿整个压气机进口处有比较均匀一致的压力分布,从而保证压气机有良好的工作条件。压气机为轴流式的,即在压气机内气流方向基本与压气机轴线方向平行。压气机的静子叶片装在发动机匣上,转子叶片装在压气机轴上。涡轮带动压气机轴高速旋转,从而使静子叶片和转子叶片发生相对运动,不断地对由进气道进来的空气进行压缩增压。空气被压缩增压后进入燃烧室,一部分空气与喷嘴喷入燃烧室的燃油混合、雾化、燃烧,变成了具有很大能量的高温高压燃气,其余的空气与燃气混合在一起,变成了800~1 000 ℃的气流进入涡轮,驱动涡轮盘使其高速旋转。经过涡轮的气流进入尾喷管,在尾喷管内膨胀加速,然后高速排出。

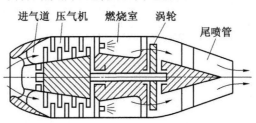

图1.4　涡轮喷气发动机示意图

由于涡轮喷气发动机中装有压气机和涡轮两个转动部件,所以结构比较复杂。但它能在静止状态和飞行速度较低的情况下工作。涡轮喷气发动机比冲高,适合远距离飞行。

1.3.2 弹用涡轮风扇发动机

涡轮风扇发动机(简称涡扇发动机) 由进气道、风扇、压气机、高压涡轮、低压涡轮、燃烧室和喷管组成,如图 1.5 所示。

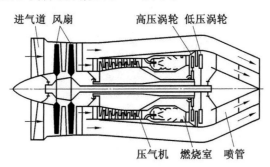

进气道 风扇　　高压涡轮 低压涡轮

压气机　燃烧室　喷管

图 1.5 涡轮风扇发动机示意图

风扇一般都在发动机压气机的前端。工作时,涡轮带动风扇和压气机等旋转,不断吸进空气。为了避免较低的风扇转速限制压气机的转速,通常采用两组涡轮分轴带动风扇和压气机。空气经风扇压缩后,按一定比例进入内、外两个气流通道。外通道气流一般只做平滑流动,经喷管加速排出,这股气流所经过的通道称为外涵道;另一股气流与普通涡轮喷气发动机相同,经过压气机,进入燃烧室、涡轮后由喷管排出,这股内部气流经过的通道称为内涵道,所以这类发动机又称内外涵道发动机。两股气流或分别通过各自的喷管排出,或在涡轮后汇合,然后一起排出。

涡轮风扇发动机排出的燃气速度都比较低,燃气射流的动能损失较小,因此这种发动机在亚音速飞行时有较好的经济性。但是在超声速飞行时,排气速度小又成为障碍,为了提高涡轮风扇发动机的使用性能,就出现了加力式涡轮风扇发动机。

弹用涡轮喷气发动机和涡轮风扇发动机最大的特点是体积小,质量小,但它们并不是大型航空涡喷、涡扇发动机的简单缩型,而是有自身独特的设计和制造技术。如考虑到使用要求,弹用涡喷、涡扇发动机大多采用低成本和短寿命设计,力求结构简单,零件数目少,尺寸小,质量小,工作可靠,使用维护方便;在发动机循环参数选择上,不盲目追求高指标,加工上多采用整体精铸和整体成型锻造工艺等。国外有代表性的弹用涡喷、涡扇发动机系列有:美国Willams 公司的 F107 系列[2]、特里达因公司的 J402 系列,法国的 Microturbo 公司的 TRI60 系列[2],它们在各种巡航导弹、空地导弹、反舰导弹和靶机上得到

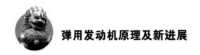

了广泛应用。表1.4 给出了其中一些发动机的参数和用途。

表1.4　弹用涡轮喷气发动机和涡轮风扇发动机参数[2-3]

发动机型号／类型	国别／时期	燃料	推重比	推力/kN	耗油率/(kg·N⁻¹·h⁻¹)	应　　用
F107 - WR - 100/涡扇发动机	美国／1976 年	JP - 4	4.6	2.67	0.061	AGM - 86A 空射巡航导弹
F107 - WR - 400/涡扇发动机	美国／1978 年	JP - 9	4.1	2.67(起飞) 1.33(巡航)	—	"战斧"BGM - 109 block Ⅱ 巡航导弹
F107 - WR - 402/涡扇发动机	美国／1980 年	JP - 9	4.1	3.26 (起飞)	—	"战斧"BGM - 109 block Ⅲ 巡航导弹
MS - 300/涡扇发动机	苏联／1970 年	—	4.61	4.0		X - 35 系列导弹
WP - 11/涡喷发动机	中国	—	4.32	6.96	0.111	"海鹰"4 反舰导弹、KD63 空地导弹
J402 - CA - 400/涡喷发动机	美国／1970 年	JP - 5	6.5	2.94(起飞) 2.09(巡航)	0.122 4(起飞) 0.115 2(巡航)	"捕鲸叉"反舰导弹
J402 - CA - 702/涡喷发动机	美国／1986 年	JP - 5	6.98	4.27 (海平面)	0.105 1	MQM - 107 D/E 靶机
TRI60 - 2/涡喷发动机	法国／1974 年	JP - 5	6.5	3.7	0.128	瑞典"RBS - 15"反舰导弹
TRI60 - 30/涡喷发动机	法国／1992 年	—	8.9	5.93(起飞) 4.64(巡航)	0.115 8(起飞) 0.104(巡航)	"阿帕奇"空地导弹
AT - 1500/涡喷发动机	美国／2000 年	—	7.9	0.667	0.116 7	X - 43A 无人机的前期验证机
TJ - 50 - 12/涡喷发动机	美国／1995 年	—	> 8	0.23	0.137	低成本自主攻击系统(LOCAAS)

1.3.3　弹用冲压发动机

　　冲压发动机是一种利用迎面空气流的冲压增压作用进行工作的空气喷气发动机。在冲压发动机中,利用进气道几何形状的变化实现高速空气流的滞止减速,从而提高空气的压力,因此,发动机中不需要像压气机这样的机械增压装置。

　　冲压发动机按照燃烧室入口气流的速度不同可分为**亚燃冲压发动机**(subsonic combusion ramjet)和**超燃冲压发动机**(supersonic combusion ramjet)。亚燃冲压发动机是指燃烧室入口气流速度为亚声速,其燃烧在亚声速气流中进行的冲压发动机;超燃冲压发动机是指燃烧室入口气流速度为超声速,其燃烧主要在超声速气流中进行。

亚燃冲压发动机按飞行马赫数的不同可分为亚声速亚燃冲压发动机(简称亚声速冲压发动机)和超声速亚燃冲压发动机(简称超声速冲压发动机)两种。亚声速冲压发动机如图1.6所示,其飞行马赫数 $Ma < 1$,发动机由进气道、燃烧室和尾喷管3部分组成,燃烧室内有喷嘴环和火焰稳定器。为实现气流的滞止减速增压,它的进气道是扩散型的,进气道的前缘剖面是低速机翼剖面,以航空煤油为燃料,尾喷管为收敛型的。

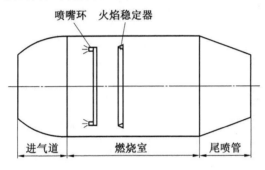

图 1.6　亚声速冲压发动机示意图

超声速冲压发动机如图1.7所示,其飞行马赫数 Ma 的范围通常为 $1 < Ma \leqslant 5$。超声速冲压发动机也由进气道、燃烧室和尾喷管3部分组成,但它具有超声速进气道,有中心锥,前缘剖面为尖劈形,气流经进气道后,超声速气流减速为亚声速气流,以航空煤油或烃类作为燃料,尾喷管是拉瓦尔喷管。

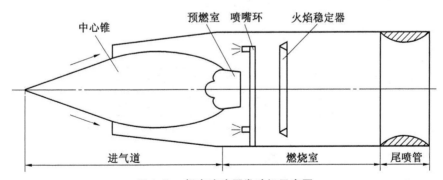

图 1.7　超声速冲压发动机示意图

由于冲压发动机在低速飞行时效率低,起飞时不能产生推力,因此,使用冲压发动机作为动力装置时,通常需要采用固体助推器进行加速,将冲压发动机和固体助推器有机地组合在一起,形成了整体式冲压发动机。整体式冲压发动机按采用燃料的物态不同分为整体式液体燃料冲压发动机和整体式固体燃料冲压发动机。

液体燃料冲压发动机是发展最早、技术最成熟、使用最多的一种冲压发动机。由于采用液体燃料,需要燃料输送和调节系统、喷雾燃烧装置及火焰稳定器,以获得良好的雾化掺合和恰当的燃油浓度分布,保证稳定有效地燃烧。将固体推进剂助推器置于液体燃料冲压发动机燃烧室中,则形成整体式液体燃料冲压发动机,如图1.8所示。首先助推器点火,使发动机加速,在助推器药柱燃尽的同时,发出转级控制信号,进行工况转换,助推器喷管脱落,进气道出口堵盖打开,冲压发动机开始喷油点火,进入工作状态。

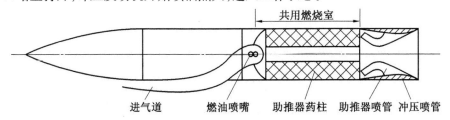

图1.8　整体式液体燃料冲压发动机示意图

采用固体燃料的冲压发动机称为**固体燃料冲压发动机**(solid fuel ramjet, SFRJ)。将固体助推器置于固体燃料冲压发动机的补燃室中,形成整体式固体燃料冲压发动机,如图1.9所示。固体燃料药柱直接放在燃烧室内,由进气道进入的冲压空气流经固体燃料药柱中心通道时,与周围燃料药柱热解、蒸发产物进行混合、燃烧。燃烧产物在补燃室进行进一步燃烧,产生的燃气经尾喷管高速排出。由于固体燃料冲压发动机不像液体燃料冲压发动机需要燃料供应和控制系统,因此结构最简单。

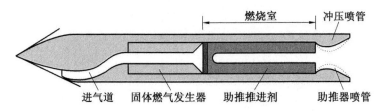

图1.9　整体式固体燃料冲压发动机示意图

冲压发动机构造简单、质量小、成本低。亚燃冲压发动机目前已广泛应用于超声速飞航导弹和高空侦察机。表1.5给出了弹用冲压发动机的主要性能参数和应用。

表 1.5　冲压发动机的主要性能参数和应用

发动机型号	国别	推力/kN	比冲/s	飞行马赫数 助推/巡航	应　用
ASMP*	法国	—	—	3 ～ 3.5(高空巡航) 2.0(低空巡航)	中程空地导弹(ASMP)
540 mm 冲压发动机	中国	33.3	1 080	(1.5 ～ 1.8)/2.0	C301 反舰导弹
RJ43 – MA – 11	美国	62.3	> 1 800	3.5 ～ 4.0	"波马克 B"地空导弹
18″RR	美国	17.6	1 800 ～ 2 000	2.5 ～ 3	"黄铜骑士"舰空导弹
宝石*	俄罗斯	40.0	> 1 400	2.0 ～ 3.5	"宝石"反舰导弹发动机
卓尔 BT – 2	英国	89.0	1 400	3.0/(2.0 ～ 2.6)	"警犬"MK2 地空导弹
SLAT*	美国	9.0	1 177	2.5 ～ 3.2	AQM – 127 超声速低空靶弹

1.4　固体火箭冲压发动机

固体火箭冲压发动机(solid propellant rocket ramjet engine)是将固体火箭发动机和冲压发动机组合在一起而形成的一种组合发动机。图 1.10 给出了整体式固体火箭冲压发动机示意图,它由进气道、固体火箭发动机、共用燃烧室、助推器药柱、冲压喷管和助推器喷管组成。首先,共用燃烧室内的助推器药柱燃烧,产生的燃气经助推器喷管排出产生推力。当助推药柱燃烧完后,助推器喷管脱落,进气道进口的堵盖打开,这时固体火箭冲压发动机开始工作。贫氧推进剂在固体火箭发动机中进行初次燃烧,燃烧产物从固体火箭发动机的喷管排出,进入燃烧室中,这股具有很高温度和动能的火箭发动机射流与经过进气道来的空气进行引射掺混,并进行第二次燃烧,燃烧产物经过冲压喷管排出产生推力。与冲压发动机相比,固体火箭冲压发动机内的压缩过程和燃烧过程具有独特的特点,其内的压缩不仅包含了冲压发动机内的速度冲压作用,还有火箭发动机高温高速射流的引射增压作用;其内的燃烧包括贫氧推进剂在火箭发动机内的初次燃烧和燃烧室内初次燃烧产物与空气的第二次补燃燃烧。基于上述特点,固体火箭冲压发动机的燃烧室又称为引射掺混补燃室[4]。

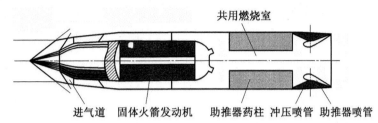

图 1.10   整体式固体火箭冲压发动机示意图

固体火箭冲压发动机由于能利用空气中的氧作为氧化剂,从而具有比固体火箭发动机高得多的比冲,同时它还具有结构简单,可靠性高,便于维护、贮存和使用等优点,因此在导弹上得到了广泛使用,如苏联的 SA - 6 导弹,美国的先进中距空空导弹 AMRAAM,俄罗斯的中距空空导弹 R - 77M,欧洲的"流星"(Meteor)空空导弹[5]都采用了这种动力装置。

1.5   发动机的适用范围

在为各类导弹选择发动机时,应了解各种发动机的适用范围,并根据导弹的装载条件、作战任务及使用要求来为导弹选择合适的动力装置。

图 1.11 给出了各种发动机的比冲随飞行马赫数变化的关系。从图中可知:

(1) 涡轮喷气发动机和涡轮风扇发动机适用于飞行马赫数小于 2 的导弹,当使用 CH 燃料时,发动机的比冲为 1 800 ~ 3 500 s,当使用液氢燃料时,比冲更高,为 5 000 ~ 7 000 s。

(2) 亚燃冲压发动机适用于飞行马赫数在 1.5 ~ 6 之间的导弹,当使用 CH 燃料时,发动机的比冲为 1 500 ~ 2 000 s,当使用液氢燃料时,比冲更高,为 3 000 ~ 4 000 s。

(3) 使用 CH 燃料的超燃冲压发动机适用于飞行马赫数在 6 ~ 10 之间的导弹,其比冲为 1 200 ~ 1 500 s,使用液氢燃料的超燃冲压发动机,飞行马赫数更高,比冲也更高,为 1 200 ~ 3 000 s。

(4) 化学火箭发动机的比冲不随飞行马赫数变化,和空气喷气发动机相比其比冲较低,在 200 ~ 450 s 范围内。

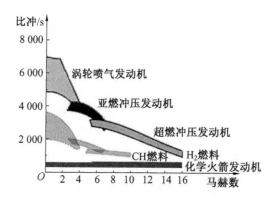

图 1.11　发动机的比冲与飞行马赫数的关系

可见,空气喷气式发动机与化学火箭发动机相比具有较高的比冲,续航能力强,所以当要求导弹有较远射程(大于 50 km)时,一般要使用空气喷气式发动机,高亚声速射程大于 1 000 km 的巡航导弹一般选用涡喷、涡扇发动机,而超声速中远射程导弹应选用冲压发动机。而对于射程在 50 km 以内的飞航导弹,固体火箭发动机和液体火箭发动机是理想的动力装置。

空气喷气发动机只能在较稠密的大气层内工作,而化学火箭发动机没有飞行高度的限制,从这一点看,弹道导弹只能选用化学火箭发动机,飞航导弹既可以使用化学火箭发动机,也可使用空气喷气式发动机。

图 1.12 给出了单位迎面推力随马赫数变化的曲线,从图中可见,化学火箭发动机的单位迎面推力远大于空气喷气发动机的单位迎面推力,因此,化学火箭发动机,特别是固体火箭发动机适用于作为要求单位迎面推力大的助推器发动机使用。

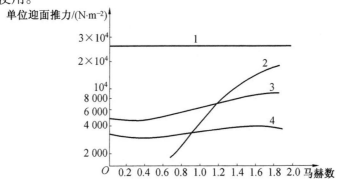

1— 火箭发动机;2— 冲压发动机;3— 带加力的涡喷发动机;4— 涡喷发动机

图 1.12　单位迎面推力随马赫数变化的曲线[6]

思 考 题

1. 简述空气喷气发动机和火箭发动机的区别和联系。
2. 简述火箭发动机的分类。
3. 简述化学火箭发动机的能量转换过程。
4. 简述固体火箭发动机的应用。
5. 简述涡轮喷气发动机、涡轮风扇发动机的原理和特点。
6. 简述冲压发动机的原理和分类。
7. 简述固体火箭冲压发动机的组成和工作原理。
8. 简述各种发动机的适用范围。

第 2 章

气体动力学基础

本章主要介绍气体动力学的基本知识,包括马赫数和速度系数的概念;一维定常流动的基本方程;静参数、滞止参数、临界参数的概念及关系式;喷管的排气速度和流量的计算式;喷管的工作状态;一维等截面加热管流的基本方程和加热对流动参数的影响,这些知识是学习弹用发动机理论的基础。

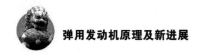

2.1　完全气体

完全气体(perfect gas)又称理想气体,是指可忽略气体分子体积和分子间作用力,满足下式所示的状态方程的气体

$$p = \rho R T \tag{2.1}$$

式中　　p——压强;

　　　　ρ——密度,$\rho = \dfrac{1}{V}$,其中 V 为比容;

　　　　T——热力学温度;

　　　　R——气体常数,等于通用气体常数 R'($R' = 8\ 314.3\ \mathrm{J/(kmol \cdot K)}$) 除以 1 kmol 气体的质量 μ。

对于完全气体,内能 e 和比焓 h 的表达式为

$$\mathrm{d}e = c_V \mathrm{d}T$$

$$\mathrm{d}h = c_p \mathrm{d}T$$

式中　　c_p——比定压热容;

　　　　c_V——比定容热容。

且有

$$c_p - c_V = R \tag{2.2}$$

$$k = \frac{c_p}{c_V} \tag{2.3}$$

$$c_p = \frac{kR}{k-1} \tag{2.4}$$

完全气体又分为**量热完全气体**(calorically perfect gas)和**热完全气体**(thermally perfect gas)。量热完全气体是指在一定温度条件下,分子只有平动和转动,比定压热容 c_p,比定容热容 c_V 及两者的比值 k 都是常值,不随温度而变化的气体,于是有

$$h = c_p T \tag{2.5}$$

热完全气体模型在模拟高温气体效应时采用。所谓热完全气体是指在一定温度条件下,分子振动能被激发,气体的 c_p、c_V 和 k 不再是常数。对于热完全气体,通常采用多项式函数来近似描述比焓、比定压热容等参数与温度的关系,即

$$h = B_0 + B_1 T + B_2 T^2 + B_3 T^3 + B_4 T^4 + B_5 T^5 \tag{2.6}$$

$$c_p = \frac{\mathrm{d}h}{\mathrm{d}T} = B_1 + 2B_2T + 3B_3T^2 + 4B_4T^3 + 5B_5T^4 \qquad (2.7)$$

$$c_V = c_p - R = (B_1 - R) + 2B_2T + 3B_3T^2 + 4B_4T^3 + 5B_5T^4 \qquad (2.8)$$

式(2.6)～式(2.8)中 B_0、B_1、B_2、B_3、B_4 和 B_5 为拟合系数,且这些关系式都是在一定的温度范围内成立的。

为简单起见,本书在不做特殊说明时,发动机中工作的气体均认为是量热完全气体,这种简化对于超燃冲压发动机来说会带来一定的误差。

2.2　声速与马赫数

声速(sonic velocity)也称音速,是微弱扰动波在流体介质中的传播速度,其定义式为

$$a = \sqrt{\left(\frac{\partial p}{\partial \rho}\right)_S} \qquad (2.9)$$

式中　a——声速,下标 S 表示等熵条件。

对于完全气体,在等熵过程中有 $p\rho^{-k} = \mathrm{const}$,于是式(2.9)变为

$$a = \sqrt{kRT} \qquad (2.10)$$

对于完全气体,声速只与气体温度和气体性质有关,声速是一个点函数,是指某时某点的声速,即当地声速。

马赫数(Mach number)Ma 是一个无因次流动参数,其定义为气体流速 v 与当地声速 a 之比,即

$$Ma = \frac{v}{a} = \frac{v}{\sqrt{kRT}} \qquad (2.11)$$

马赫数是划分流动类型的标准,$Ma < 1$ 时称为亚声速气流;$Ma = 1$ 时称为声速流;$Ma > 1$ 时称为超声速气流;高超声速气流通常指 $Ma > 5$。

2.3　一维定常流动基本方程

对于量热完全气体的一维定常绝热流动,能量方程为

$$h_x + \frac{1}{2}v_x^2 = h_y + \frac{1}{2}v_y^2 = \mathrm{const} \qquad (2.12)$$

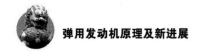

式中　　h——比焓;

　　　　v——速度,下角标 x 和 y 分别表示流道中的任意两截面。

可见,在没有热量和机械功输入时,流体的焓降等于以稳态流动的流体动能的增加。

在稳态流动过程中,质量守恒原理可以表示为任意截面 x 处的质量流量 $\dot{m}_x$ 等于截面 y 处的质量流量 $\dot{m}_y$,其数学表达式就是众所周知的连续方程

$$\dot{m}_x = \dot{m}_y = \rho_x v_x A_x = \rho_y v_y A_y = \text{const} \tag{2.13}$$

式中　　A——流道的横截面积。

对于一维等熵流动过程,在任意两截面 x 和 y 之间,下述方程成立

$$\frac{T_x}{T_y} = \left(\frac{p_x}{p_y}\right)^{\frac{k-1}{k}} = \left(\frac{V_y}{V_x}\right)^{k-1} \tag{2.14}$$

涡喷、涡扇发动机进气道、尾喷管、压气机静子通道内的流动可以认为是绝能流动,化学火箭发动机尾喷管内的流动也可认为是绝能流动。

2.4　几个重要的气流参数

2.4.1　静参数与滞止参数

气流可由某一流动状态(状态参数为 p、v、T)等熵地滞止到速度为零的滞止状态,滞止状态下的参数称为**滞止参数**(stagnation properties),又称总参数,其上角用 * 标注,相应地原状态下的参数称为**静参数**(static properties)。

滞止焓(stagnation enthalpy)又称总焓,用 h^* 表示,由式(2.12)得

$$h^* = h + \frac{1}{2}v^2 = \text{const} \tag{2.15}$$

对于绝热流动,滞止焓为常数,不管过程是否可逆。

滞止温度(stagnation temperature)又称总温,用 T^* 表示,将式(2.5)代入式(2.15)可得滞止温度 T^* 与静温 T 的关系式

$$T^* = T + \frac{v^2}{2c_p} = \text{const} \tag{2.16}$$

对于绝热流动过程,滞止温度为常数。

将式(2.4)和式(2.10)代入式(2.16),可得

$$T^* = T\left[1 + \frac{1}{2}(k-1)Ma^2\right] \tag{2.17}$$

对于等熵流有

$$\frac{T^*}{T} = \left(\frac{p^*}{p}\right)^{\frac{k-1}{k}} = \left(\frac{V}{V^*}\right)^{k-1} \tag{2.18}$$

滞止压力（stagnation pressure）p^* 和**滞止比容**（stagnation specific volume）V^* 与静压 p、静比容 V 的关系式可由式（2.17）和式（2.18）得到

$$p^* = p\left[1 + \frac{1}{2}(k-1)Ma^2\right]^{\frac{k}{k-1}} \tag{2.19}$$

$$V^* = V\left[1 + \frac{1}{2}(k-1)Ma^2\right]^{\frac{1}{1-k}} \tag{2.20}$$

可见总压是流体流动的能量等熵地转变为热能时所具有的压力。只有在等熵流中，总压才保持为常数。

2.4.2　临界参数

速度等于当地声速，即 $Ma = 1$ 的状态称为临界状态，此状态下的参数称为**临界参数**（critical properties），其下角用 cr 标注。将 $Ma = 1$ 代入式（2.17）、式（2.19）和式（2.20）可得临界参数与滞止参数的关系

$$\frac{T_{cr}}{T^*} = \frac{2}{k+1} \tag{2.21}$$

$$\frac{p_{cr}}{p^*} = \left(\frac{2}{k+1}\right)^{\frac{k}{k-1}} \tag{2.22}$$

$$\frac{V_{cr}}{V^*} = \left(\frac{k+1}{2}\right)^{\frac{1}{k-1}} \tag{2.23}$$

式中　　T_{cr}——**临界温度**（critical temperature）；

p_{cr}——**临界压强**（critical pressure）；

V_{cr}——**临界比容**（critical specific volume）。

临界速度 v_{cr} 和临界声速 a_{cr} 的表达式为

$$v_{cr} = a_{cr} = \sqrt{kRT_{cr}} = \sqrt{\frac{2k}{k+1}RT^*} \tag{2.24}$$

由式（2.24）可知，对于一定的气体，临界声速 a_{cr} 仅与气体的总温有关，对于绝能流，总温是常数，所以临界声速 a_{cr} 也为常数。

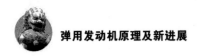

2.4.3　速度系数

速度系数(velocity coefficient) λ 定义为气流速度 v 与临界声速 a_{cr} 之比,即

$$\lambda = \frac{v}{a_{cr}} \tag{2.25}$$

速度系数 λ 与马赫数 Ma 存在如下关系:

$$Ma^2 = \frac{\dfrac{2}{k+1}\lambda^2}{1 - \dfrac{k-1}{k+1}\lambda^2} \tag{2.26}$$

与马赫数 Ma 相比,引入速度系数 λ 后会使计算某处的流速更方便[7]。将式(2.26)代入式(2.17)、式(2.19)和式(2.20),可得用速度系数 λ 表示的流体静参数和总参数的关系式:

$$\frac{T}{T^*} = \left(1 - \frac{k-1}{k+1}\lambda^2\right) \tag{2.27}$$

$$\frac{p}{p^*} = \left(1 - \frac{k-1}{k+1}\lambda^2\right)^{\frac{k}{k-1}} \tag{2.28}$$

$$\frac{V}{V^*} = \left(1 - \frac{k-1}{k+1}\lambda^2\right)^{\frac{1}{1-k}} \tag{2.29}$$

2.5　喷管的基本关系式

对喷管的入口截面和出口截面应用能量方程(2.12),可得喷管的出口排气速度 v_2 为

$$v_2 = \sqrt{2(h_1 - h_2) + v_1^2}$$

将式(2.4)～式(2.5)以及式(2.14)代入上式得

$$v_2 = \sqrt{\frac{2k}{k-1}\frac{R'T_1}{\mu}\left[1 - \left(\frac{p_2}{p_1}\right)^{\frac{k-1}{k}}\right] + v_1^2} \tag{2.30}$$

式中　v_1——喷管入口的流速;

$\quad\quad T_1$——喷管入口的静温;

$\quad\quad p_2/p_1$——喷管出口静压与入口静压之比;

μ——气体的摩尔质量。

　　式(2.30)对喷管内任意两截面也适用。由式(2.30)可以看出,喷管排气速度是压力比 p_1/p_2 和比定压热容与比定容热容之比 k 的函数,并且它还与喷管进口温度 T_1 的平方根成正比,与气体的摩尔质量的平方根成反比。

　　喷管的流量可以根据连续方程(2.13)得到,将状态方程(2.1)、等熵关系式(2.14)、喷管排气速度式(2.30)代入式(2.13),可得喷管任意截面 x 处的质量流量公式为

$$\dot{m} = A_x \sqrt{\frac{2k}{k-1} p_1 \rho_1 \left[\left(\frac{p_x}{p_1}\right)^{\frac{2}{k}} - \left(\frac{p_x}{p_1}\right)^{\frac{k+1}{k}} \right]} \tag{2.31}$$

　　在气体动力学中常采用流量函数 q 来表示喷管的质量流量,流量函数 q 定义为

$$q = \frac{\rho v}{\rho_{cr} v_{cr}} \tag{2.32}$$

　　流量函数 q 既可以表示成马赫数的函数,也可以表示成速度系数的函数,即

$$q(Ma) = \frac{\rho v}{\rho_{cr} v_{cr}} = \frac{\rho}{\rho^*} \cdot \frac{\rho^*}{\rho_{cr}} \cdot \frac{v}{a} \cdot \frac{a}{a^*} \cdot \frac{a^*}{a_{cr}} = \frac{Ma}{\left(\dfrac{2}{k+1} + \dfrac{k-1}{k+1} Ma^2\right)^{\frac{k+1}{2(k-1)}}} \tag{2.33}$$

$$q(\lambda) = \frac{\rho v}{\rho_{cr} v_{cr}} = \frac{\rho/\rho^*}{\rho_{cr}/\rho^*} \cdot \frac{v}{a_{cr}} = \lambda \left(\frac{k+1}{2} - \frac{k-1}{2} \lambda^2\right)^{\frac{1}{k-1}} \tag{2.34}$$

　　令 $\dfrac{\mathrm{d}q(Ma)}{\mathrm{d}Ma} = 0$,可得 $Ma = 1$ 时,流量函数 $q(Ma)$ 达到最大值,$q_{max}(Ma) = 1$,可见当喷管内流动达到临界状态时,流量函数达到最大值。同样可得当 $\lambda = 1$ 时,流量函数 $q(\lambda)$ 达到最大值,此时 $q_{max}(\lambda) = 1$。

　　由流量函数表示的喷管质量流量公式为

$$\dot{m} = \rho v A = \frac{\rho v}{\rho_{cr} v_{cr}} \cdot \rho_{cr} v_{cr} A = \Gamma(k) \frac{p^* A}{\sqrt{RT^*}} q(Ma) = \Gamma(k) \frac{p^* A}{\sqrt{RT^*}} q(\lambda) \tag{2.35}$$

式中　　　　　　　　　　　$\Gamma(k) = \sqrt{k \left(\frac{2}{k+1}\right)^{\frac{k+1}{k-1}}}$

　　可见,在一定的总温、总压下,喷管流量的增加是有限度的,一旦在喷管内出现了临界截面,那么这时的流量便达到了最大值,其表达式为

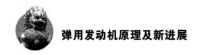

$$\dot{m}_{max} = \rho_{cr} v_{cr} A_{cr} = \Gamma(k) \frac{p^* A_{cr}}{\sqrt{RT^*}} \qquad (2.36)$$

式中 A_{cr}——临界截面的面积。

由于拉瓦尔喷管的最小截面在喉部,所以临界截面一定出现在喉部。由式(2.36)知,当喷管的喉部一旦成为临界截面时,其最大的质量流量仅取决于管道的总压、总温以及喉部面积,这时无论怎么降低背压都无法增大流量。

2.6　喷管的工作状态

按喷管横截面积的变化情况不同,喷管可分为收缩喷管和拉瓦尔喷管两种,下面分别讨论这两种喷管的工作状态。

2.6.1　收缩喷管

收缩喷管(convergent nozzle)是指横截面积逐渐缩小的喷管,这种喷管通常用于使亚声速气流加速降压。收缩喷管对亚音速气流的加速是有限的,出口截面速度最大只能等于当地声速,即出口马赫数 $Ma_2 \leqslant 1$。当出口截面的速度等于当地声速,即 $Ma_2 = 1$ 时,在出口截面达到临界状态,此时出口截面的压强 p_2 与入口截面的总压 p_1^* 之比称为临界压强比,用 β_{cr} 表示,且有

$$\beta_{cr} = \frac{(p_2)_{cr}}{p_1^*} = \left(\frac{2}{k+1}\right)^{\frac{k}{k-1}} \qquad (2.37)$$

在收缩喷管中,当入口的总压和总温一定时,流动状态完全由外界反压 p_3 与喷管入口总压 p_1^* 之比 $\dfrac{p_3}{p_1^*}$ 决定,根据 $\dfrac{p_3}{p_1^*}$ 与临界压强比 β_{cr} 的关系,收缩喷管有亚临界流动、临界流动和超临界流动 3 种工作状态,表 2.1 给出了收缩喷管的工作状态。

由表 2.1 可知,在一定的气流总温、总压下,当收缩喷管处于临界和超临界状态时,出口马赫数等于 1,通过喷管的流量达到最大值,如果进一步降低反压,并不能改变喷管出口的马赫数,通过喷管的流量也不再增大。将出口马赫数等于 1,流量达到最大值的状态称为壅塞状态,此时无论改变进口气流总压、总温或出口外界的反压都不能使喷管中任一截面上无量纲参数(Ma、λ、压强比 p/p^*、温度比 T/T^*)发生变化。

表 2.1　收缩喷管的三种流动状态

流动状态	条件	流动特点	出口马赫数 Ma_2	m/m_{max}	反压变化的影响
亚临界流动	$\dfrac{p_3}{p_1^*} > \beta_{cr}$	喷管内是亚声速流，$p_2 = p_3$，完全膨胀	小于 1	小于 1	影响整个喷管的流动
临界流动	$\dfrac{p_3}{p_1^*} = \beta_{cr}$	喷管出口是声速流，$p_2 = p_3$，完全膨胀	等于 1	等于 1	不影响整个喷管的流动
超临界流动	$\dfrac{p_3}{p_1^*} < \beta_{cr}$	喷管出口是声速流，$p_2 = \beta_{cr}p_1^* > p_3$，未完全膨胀	等于 1	等于 1	不影响整个喷管的流动

2.6.2　拉瓦尔喷管

拉瓦尔喷管（Laval nozzle）是指横截面积先逐渐减小再逐渐增大的喷管，这种喷管主要用于将亚声速流加速为超声速流。拉瓦尔喷管的设计状态是指整个喷管内无激波的连续流动，此时喷管出口截面压力 p_2 等于外界反压 p_3，即 $p_2 = p_3$，喷管内的质量流量等于喉部达到临界的最大流量，喷管出口为超声速流，喷管内的压力分布如图 2.1 中曲线 AB 所示。

将 $p_2 > p_3$ 时的工作状态称为欠膨胀状态，喷管内仍为超声速满流状态。此时在喷管内膨胀不足，喷管排出的气体压力大于外部压力，于是在喷管内膨胀不完全的气体到喷管外部还要继续膨胀，产生膨胀波。因微扰动的膨胀波在气流中是以声速传播的，故外界压力的变化不能逆向传至超声速气流的上游，推力室内的燃气流动和工作参数不会受影响。

将 $p_2 < p_3$ 时的工作状态称为过膨胀状态。在过膨胀喷管中，有如下几种可能的流动状况：

（1）在外部反压 p_3 稍稍高于喷管出口压强 p_2（$p_2 \geqslant 0.4p_3$）时，喷管中燃气流动正常，继续处于满流状态，但在管外出现斜激波。原因是，此时喷管喷出的气流受周围介质压强的影响，使气流的横截面减小，因而气体质点的轨迹将向气流轴线方向偏转一个角度，在管外形成斜激波。

（2）随着外界反压的增大，喷管扩张段内将产生正激波，激波强度与压强比 p_2/p_3 有关。气流通过激波后压力突增，激波后的亚声速流在扩张段再等熵增压，直至在出口处与外界压力匹配为止。喷管内正激波位置会随外界反压的增大逐渐向喉部移动。喷管内的压力分布如图 2.1 中的曲线 AC、AD、AE 和

AF 所示。

（3）若外界压力继续提高,喷管内激波和流动分离点移到喉部,喉部虽达到临界状态,但喉部以后仍是亚声速流,这时喷管内形成由亚声速到声速又回到亚声速的流动状态,喷管内的压力分布如图 2.1 中曲线 *AG* 所示。若外界反压再继续提高,此时喉部也达不到临界状态,整个喷管内都是亚声速流,喷管内的压力分布如图 2.1 中的曲线 *AH* 所示。

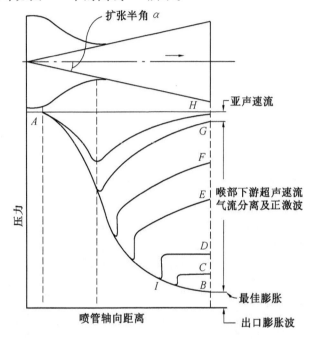

图 2.1 对应于不同流动状况的拉瓦尔喷管内的压力分布

2.7 一维定常等截面加热管流

2.7.1 瑞利线

假设在等截面管道中存在均匀的热交换,且管道内为一维定常管流,则对于管道内任意截面 *x* 和 *y*,存在如下方程:

连续方程

$$\dot{m} = \rho_x v_x = \rho_y v_y = \text{const} \tag{2.38}$$

动量方程

$$p_x + \rho_x v_x^2 = p_y + \rho_y v_y^2 \tag{2.39}$$

能量方程

$$h_x + \frac{1}{2}v_x^2 + \Delta q = h_y + \frac{1}{2}v_y^2 \tag{2.40}$$

式中　Δq—— 加热量,假设加热只引起总温的改变,$\Delta q = c_p \mathrm{d}T^*$。

由式(2.39),并考虑到式(2.1)和式(2.11),得

$$\frac{p_x}{p_y} = \frac{1 + kMa_y^2}{1 + kMa_x^2} \tag{2.41}$$

将上式用于任一截面与临界截面,有

$$\frac{p}{p_{cr}} = \frac{1 + k}{1 + kMa^2} \tag{2.42}$$

由式(2.38),并考虑式(2.1)和式(2.11),得

$$\frac{\rho_x}{\rho_y} = \frac{Ma_y}{Ma_x}\left(\frac{p_y}{p_x} \cdot \frac{\rho_x}{\rho_y}\right)^{\frac{1}{2}} \tag{2.43}$$

将式(2.41)代入式(2.43)得

$$\frac{\rho_x}{\rho_y} = \left(\frac{Ma_y}{Ma_x}\right)^2 \frac{1 + kMa_x^2}{1 + kMa_y^2} \tag{2.44}$$

$$\frac{T_x}{T_y} = \frac{p_x}{p_y} \cdot \frac{\rho_y}{\rho_x} = \left(\frac{Ma_x}{Ma_y}\right)^2 \left(\frac{1 + kMa_y^2}{1 + kMa_x^2}\right)^2 \tag{2.45}$$

将上式用于任一截面与临界截面,有

$$\frac{T}{T_{cr}} = Ma^2 \left(\frac{1 + k}{1 + kMa^2}\right)^2 \tag{2.46}$$

根据式(2.42)和式(2.46)可得

$$\left(\frac{p}{p_{cr}}\right)^2 = \frac{1}{Ma^2} \frac{T}{T_{cr}} \tag{2.47}$$

利用式(2.42)和式(2.47),消去 Ma,得

$$\left(\frac{p}{p_{cr}}\right)^2 - (1 + k)\frac{p}{p_{cr}} + k\frac{T}{T_{cr}} = 0 \tag{2.48}$$

于是有

$$\left(\frac{p}{p_{cr}}\right) = \frac{1 + k \pm \sqrt{(1 + k)^2 - 4k(T/T_{cr})}}{2} \tag{2.49}$$

对于完全气体,熵、压力和温度间的关系为

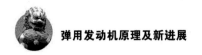

$$ds = c_p \frac{dT}{T} - R \frac{dp}{p} \qquad (2.50)$$

如果取临界状态为参考状态,则将上式积分得

$$s - s_{cr} = c_p \ln \frac{T}{T_{cr}} - R \ln \frac{p}{p_{cr}} \qquad (2.51)$$

将式(2.49)代入式(2.51)可得

$$s - s_{cr} = c_p \ln \frac{T}{T_{cr}} - R \ln \frac{1 + k \pm \sqrt{(1+k)^2 - 4k(T/T_{cr})}}{2} \qquad (2.52)$$

在 sOT 坐标系中,用方程(2.52)画出的曲线称为瑞利线,如图2.2所示。

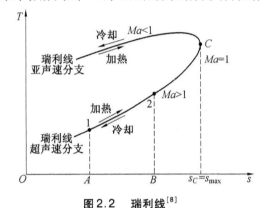

图2.2 瑞利线[8]

瑞利线反映了加热量对流动的影响。关于瑞利线,有如下结论:

(1)在瑞利线上,存在一个熵值最大点(图中 C 点),即该点处 $ds = 0$ 处,可以证明该点的速度等于当地声速,也就是说 C 点的马赫数 $Ma = 1$。

(2) C 点将瑞利线分成亚声速分支和超声速分支,C 点上面的瑞利线分支对应于亚声速流动,C 点下面分支对应于超声速流动。

(3)无论进口流动是超声速还是亚声速,加热都将使出口马赫数趋于1,而冷却使马赫数向离开1的方向变化。

(4)根据 $\delta q = Tds$ 可知,单位质量气流换热量等于相应的瑞利线与横坐标轴围成的封闭多边形的面积。

2.7.2　加热对气流参数的影响

下面利用等截面无摩擦一维定常加热管流的微分方程组来进一步分析加热对气流参数的影响。

连续方程(2.38)的微分形式为

$$\frac{\mathrm{d}\rho}{\rho} + \frac{\mathrm{d}v}{v} = 0 \tag{2.53}$$

动量方程(2.39)的微分形式为

$$\frac{\mathrm{d}p}{p} + kMa^2\frac{\mathrm{d}\rho}{\rho} + 2kMa^2\frac{\mathrm{d}v}{v} = 0$$

考虑式(2.53),上式可变为

$$\frac{\mathrm{d}p}{p} + kMa^2\frac{\mathrm{d}v}{v} = 0 \tag{2.54}$$

状态方程(2.1)的微分形式为

$$\frac{\mathrm{d}p}{p} - \frac{\mathrm{d}\rho}{\rho} - \frac{\mathrm{d}T}{T} = 0 \tag{2.55}$$

对 $Ma^2 = \dfrac{v^2}{kRT}$ 取微分,得

$$\frac{\mathrm{d}Ma}{Ma} = \frac{\mathrm{d}v}{v} - \frac{1}{2}\frac{\mathrm{d}T}{T} \tag{2.56}$$

对总温与静温的关系式(2.17)取微分,并考虑式(2.56)得

$$\frac{\mathrm{d}T}{T} + (k-1)Ma^2\frac{\mathrm{d}v}{v} - \left(1 + \frac{k-1}{2}Ma^2\right)\frac{\mathrm{d}T^*}{T^*} = 0 \tag{2.57}$$

对总压与静压的关系式(2.19)取微分得

$$\frac{\mathrm{d}p^*}{p^*} = \frac{\mathrm{d}p}{p} + \frac{kMa^2}{1 + \frac{1}{2}(k-1)Ma^2} \cdot \frac{\mathrm{d}Ma}{Ma} \tag{2.58}$$

利用式(2.53) ~ 式(2.58),将 $\dfrac{\mathrm{d}T^*}{T^*}$ 作为自变量,可得到各流动参数与总温之间的微分关系式

$$\frac{\mathrm{d}p}{p} = -\frac{kMa^2\left(1 + \frac{k-1}{2}Ma^2\right)}{(1 - Ma^2)}\frac{\mathrm{d}T^*}{T^*} \tag{2.59}$$

$$\frac{\mathrm{d}v}{v} = \frac{\left(1 + \frac{k-1}{2}Ma^2\right)}{(1 - Ma^2)}\frac{\mathrm{d}T^*}{T^*} \tag{2.60}$$

$$\frac{\mathrm{d}\rho}{\rho} = -\frac{\left(1 + \frac{k-1}{2}Ma^2\right)}{(1 - Ma^2)}\frac{\mathrm{d}T^*}{T^*} \tag{2.61}$$

$$\frac{\mathrm{d}T}{T} = \frac{(1 - kMa^2)\left(1 + \frac{k-1}{2}Ma^2\right)}{(1 - Ma^2)}\frac{\mathrm{d}T^*}{T^*} \tag{2.62}$$

$$\frac{\mathrm{d}Ma}{Ma} = \frac{\left(1 + kMa^2\right)\left(1 + \dfrac{k-1}{2}Ma^2\right)}{2\left(1 - Ma^2\right)}\frac{\mathrm{d}T^*}{T^*} \tag{2.63}$$

$$\frac{\mathrm{d}p^*}{p^*} = -\frac{kMa^2}{2}\frac{\mathrm{d}T^*}{T^*} \tag{2.64}$$

式(2.59) ~ 式(2.64)给出了热量对气流参数的影响,为清晰起见将这些影响列入表2.2。

表2.2 热量对气流参数的影响

气流参数	加 热		冷 却	
	$Ma < 1$	$Ma > 1$	$Ma < 1$	$Ma > 1$
T^*	增大	增大	减小	减小
p^*	减小	减小	增大	增大
p	减小	增大	增大	减小
v	增大	减小	减小	增大
Ma	增大	减小	减小	增大
T	$Ma < \dfrac{1}{\sqrt{k}}$ 增大 / $Ma > \dfrac{1}{\sqrt{k}}$ 减小	增大	$Ma < \dfrac{1}{\sqrt{k}}$ 减小 / $Ma > \dfrac{1}{\sqrt{k}}$ 增大	减小

思 考 题

1. 何谓滞止参数? 什么条件下滞止温度、滞止焓是常数? 滞止压强是常数需要满足什么条件?

2. 试写出一维定常流动的连续方程、能量方程和等熵方程。

3. 何谓临界参数? 临界参数与滞止参数有何关系?

4. 喷管出口排气速度与哪些因素有关?

5. 速度系数与马赫数有何不同? 引入速度系数有何好处?

6. 简述拉瓦尔喷管的实际工作状态。

7. 流量函数是如何定义的? 如何推导流量函数与速度系数或马赫数的关系式?

8. 关于瑞利线有哪些结论?

第 3 章

化学火箭发动机的主要参数和基本关系式

发动机的主要参数包括发动机的基本性能参数,如推力、总冲、功率等,还有发动机的比参数,如比冲、有效排气速度、特征速度和推力系数。本章讨论这些参数的定义及计算式。此外本章还给出了化学火箭发动机喷管内流动的基本关系式及喷管内流动参数的计算方法,这些关系式均建立在理想火箭发动机基本假设的条件下,最后讨论了实际火箭发动机和理想火箭发动机的差别及表征这种差别的参数。

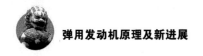
3.1　推　力

推力室的作用是将推进剂的化学能转变成射流的动能,以产生反作用力,即推力。**推力室的推力**(thrust chamber thrust)是由于发动机工作时,作用于发动机推力室壁内外表面上的力不平衡产生的。图 3.1 为推力室壁内外表面的受力图,内表面受燃烧气体的压力作用,外表面受大气压力作用。推力室的推力定义为推力室工作期间作用在推力室内表面上的燃气压力和作用在推力室外表面上大气压力的合力的轴向分量。

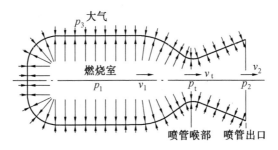

图 3.1　推力室壁内外表面的受力图

下面推导推力室的推力公式。采用以下假设:推力室为轴对称体,推力室内的燃气流动为理想气体的一维定常流。

由推力定义,推力室的推力 $\boldsymbol{F}$ 应为

$$\boldsymbol{F} = \boldsymbol{F}_{ex} + \boldsymbol{F}_{in} \tag{3.1}$$

其中,$\boldsymbol{F}_{ex}$ 和 $\boldsymbol{F}_{in}$ 分别表示作用于推力室外表面和内表面的合力。

由图 3.1 及上述轴对称体的假设,有

$$\boldsymbol{F}_{ex} = \iint_{A_{ex}} p_3 \mathrm{d}\boldsymbol{A} = -p_3 \boldsymbol{A}_2 \tag{3.2}$$

$$\boldsymbol{F}_{in} = \iint_{A_{in}} p_g \mathrm{d}\boldsymbol{A} \tag{3.3}$$

式中　　p_3——大气压强;

　　　　p_g——推力室内燃气压强;

　　　　A_{in}、A_{ex}——推力室壁内、外表面的面积;

　　　　$\boldsymbol{A}$——面积矢量;

$\boldsymbol{A}_2$—— 喷管出口截面面积矢量,方向与表面内法线方向一致。

为了给出式(3.3)的解析式,取推力室内表面和喷管出口截面所包围的空间为控制体,对作用于控制体表面上的力进行分析。容易看出,作用于控制体表面上的外力由两部分组成,一部分为推力室内表面作用于控制体上的力,显然其大小相等,而方向与燃气作用于推力室内表面上的力相反;另一部分为作用于喷管出口截面处控制体表面上的压力,即

$$\boldsymbol{F}_{con} = -\iint_{A_{in}} p_g \mathrm{d}\boldsymbol{A} + \iint_{A_2} p_g \mathrm{d}\boldsymbol{A} \qquad (3.4)$$

式中　　$\boldsymbol{F}_{con}$—— 作用于控制体表面的合外力。

由动量定理可知,作用于控制体上的外力的合力等于每秒穿过该控制体表面的燃烧气体的动量差。由于单位时间内通过面积 A_2 流出控制体的燃烧产物的质量为 $\dot{m}$,速度为 $\boldsymbol{v}_2$,以液态或气态流入该控制体的物质的速度 $\boldsymbol{v}_1$ 与 $\boldsymbol{v}_2$ 相比可以忽略不计,于是有

$$\boldsymbol{F}_{con} = \dot{m}\boldsymbol{v}_2 = \iint_{A_{in}} (-p_g) \mathrm{d}\boldsymbol{A} + \iint_{A_2} p_g \mathrm{d}\boldsymbol{A} \qquad (3.5)$$

再由一维满流假设,有

$$\iint_{A_2} p_g \mathrm{d}\boldsymbol{A} = p_2 \boldsymbol{A}_2 \qquad (3.6)$$

将式(3.4) ~ 式(3.6) 代入式(3.3) 有

$$\boldsymbol{F}_{in} = -\dot{m}\boldsymbol{v}_2 + p_2 \boldsymbol{A}_2 \qquad (3.7)$$

将式(3.2) 和式(3.7) 代入式(3.1),得

$$\boldsymbol{F} = -\dot{m}\boldsymbol{v}_2 + p_2 \boldsymbol{A}_2 - p_3 \boldsymbol{A}_2 \qquad (3.8)$$

取火箭发动机的运动方向为正方向,则式(3.8) 在发动机轴向的投影为

$$F = \dot{m}v_2 + A_2(p_2 - p_3) \qquad (3.9)$$

由式(3.9) 可知,作用在推力室上的推力由两项组成:第一项为**动量推力**(momentum thrust),其是组成推力的主要部分;第二项为**压力推力**(pressure thrust)。由于外界大气压力的变化影响压力推力,所以推力室的推力随飞行高度的增加而增加,高度变化引起的压力推力变化量占总推力的 10% ~ 30%。这种当燃烧室压力一定时,推力随飞行高度变化的规律称为发动机的**高度特性**(altitude characteristic)。典型火箭发动机的高度特性如图 3.2 所示。

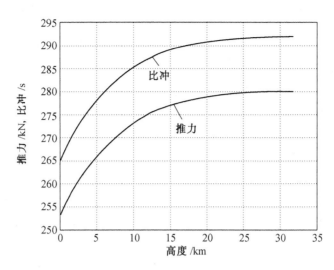

图 3.2 典型火箭发动机的高度特性

（1）设计状态推力 F_D。

此时 $p_2 = p_3$，也就是发动机在与 p_3 相对应的飞行高度上工作，有

$$F_D = \dot{m}v_2$$

（2）海平面推力（sea level thrust）F_0。

此时 $p_3 = p_0 = 101\ 325\ \text{Pa}$，即发动机在海平面高度上工作，有

$$F_0 = \dot{m}v_2 + (p_2 - p_0)A_2$$

（3）真空推力（vacuum thrust）F_V。

此时 $p_3 = 0$，即发动机在真空状态下工作，有

$$F_V = \dot{m}v_2 + p_2A_2$$

上面讨论的是火箭发动机单个推力室的推力。一台火箭发动机可以只有一个推力室，也可以有多个推力室。所以，**发动机的推力**（engine thrust）应该是组成发动机的所有推力室的推力之和。而对于采用涡轮泵压式供应系统输送推进剂的液体火箭发动机，驱动涡轮以后从专门的排气管排出的涡轮废气也能产生一定的推力。所以发动机的推力 F_{eng} 应为

$$F_{eng} = \sum_{i=1}^{n} F_i + \sum_{j=1}^{k} \Delta F_j \qquad (3.10)$$

式中　　n、k——发动机的推力室和涡轮排气管的个数；

　　　　F_i——第 i 个推力室提供的推力；

ΔF_j——第 j 个涡轮排气管提供的推力。

3.2　总冲和比冲

总冲（total impulse）I_t 为发动机推力 F 对整个工作时间 t 的积分，即

$$I_t = \int_0^t F \mathrm{d}t \tag{3.11}$$

对于恒定推力，忽略启动和关机过渡过程，上式可简化为

$$I_t = Ft \tag{3.12}$$

可见，总冲等于推力时间曲线和时间轴围成面积的大小，其反映了化学火箭发动机的工作能力，为了达到一定的总冲，发动机既可以采用大推力短工作时间的方案，也可以采用小推力长工作时间的方案。

比冲（specific impulse）I_s 定义为单位质量推进剂产生的总冲。若总的推进剂质量流量为 $\dot{m}$，标准海平面重力加速度 g_0 为 9.806 6 m/s^2，则

$$I_s = \frac{\int_0^t F \mathrm{d}t}{g_0 \int_0^t \dot{m} \mathrm{d}t} \tag{3.13}$$

略去短暂的启动和关机过程，对于恒定的推力和推进剂流量，式（3.13）可简化为

$$I_s = \frac{I_t}{m_p g_0} = \frac{F}{\dot{m} g_0} = \frac{F}{\dot{\omega}} \tag{3.14}$$

式中　　m_p——总的推进剂质量；

　　　　$\dot{\omega}$——推进剂的质量流量。

将式（3.9）代入式（3.14）中的第三个等式，有

$$I_s = \frac{v_2}{g_0} + \frac{A_2}{\dot{m} g_0}(p_2 - p_3) \tag{3.15}$$

由式（3.15）可以看出，影响比冲的主要因素是推进剂的种类（因排气速度 v_2 主要取决于推进剂的性能）、推力室的尺寸、推力室内部工作过程及发动机所在的工作高度。

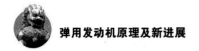

（1）设计状态下的比冲 $I_{s,D}$。

此时 $p_2 = p_3$，也就是发动机在与 p_3 相对应的飞行高度上工作，有

$$I_{s,D} = \frac{v_2}{g_0}$$

（2）真空比冲 $I_{s,V}$。

此时 $p_3 = 0$，即发动机在真空状态下工作，有

$$I_{s,V} = \frac{v_2}{g_0} + \frac{p_2 A_2}{\dot{m} g_0}$$

当发动机在非设计状态（$p_2 \neq p_3$）工作时，随工作高度增加，比冲增大；当发动机升入真空时，比冲达到最大值，即真空比冲。同一发动机，工作高度从海平面上升到真空，推力室比冲可提高 $10\% \sim 20\%$，如图 3.2 所示。

对于液体火箭发动机，由于瞬时推力和推进剂的瞬时流量是可以测量的，因此，可用式（3.13）来计算比冲。而对于固体火箭发动机，由于难以精确测量推进剂的流量，因此，通常通过测量总冲和总的推进剂消耗量，利用式（3.14）中的第一个等式来求得平均比冲。测量时，总的推进剂消耗量可通过实验前后发动机的称量来得到，而总冲为燃烧时间 t_b 上推力的积分，其可通过积分推力时间曲线来获得。图 3.3 示出了工程上实际测量时发动机工作时间 t_a 和推进剂燃烧时间 t_b 的确定方法。

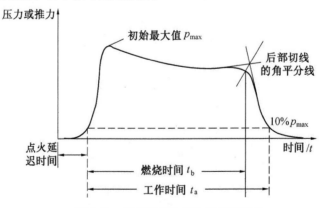

图 3.3　燃烧时间和工作时间的定义

3.3　喷管出口速度与有效排气速度

对于化学火箭发动机,喷管入口速度 v_1 很小可略去,$T_1 = T_1^*$,于是由式 (2.30) 可得喷管出口排气速度 v_2 的计算式为

$$v_2 = \sqrt{\frac{2k}{k-1}\frac{R'T_1}{\mu}\left[1 - \left(\frac{p_2}{p_1}\right)^{\frac{k-1}{k}}\right]} = \sqrt{\frac{2k}{k-1}\frac{R'T_1^*}{\mu}\left[1 - \left(\frac{p_2}{p_1}\right)^{\frac{k-1}{k}}\right]}$$

(3.16)

式中　　μ—— 燃气的摩尔质量;

$\quad\quad T_1$—— 喷管入口的静温,近似地等于喷管入口的总温 T_1^* 和燃烧室内的燃烧温度。

由式(3.16) 可以看出,喷管排气速度是压力比 p_1/p_2 和比定压热容与比定容热容之比 k 的函数,并且它还与喷管入口的静温 T_1 的平方根成正比,与摩尔质量 μ 的平方根成反比。

由式(3.15) 可知,当 $p_2 = p_3$ 时,比冲 $I_s = v_2/g_0$。可见,提高排气温度(通常用增加能量释放的方法) 或减小排气分子质量(通常利用含氢多的小相对分子质量气体) 都可以提高比冲,从而改善发动机的性能。

在压力比 p_1/p_2 为无限大的条件下,喷管可达到的最大理论出口速度为

$$(v_2)_{max} = \sqrt{\frac{2kRT_1}{k-1}}$$

(3.17)

在无限大压力比下,比如燃气排入真空环境的情况,最大排气速度具有一个有限值。但在膨胀过程中,若气体温度下降到低于液化温度或冰点温度,此时的工质就不再具有气体的特征。因此,实际上速度 v_2 的这个最大值是永远不可能达到的。

有效排气速度(effective exhaust velocity) 是飞行器喷射燃气的平均等效速度,用 c 表示,它被定义为

$$c = \frac{F}{m} = I_s g_0$$

(3.18)

当采用国际单位制时,c 的单位是 m/s。式(3.18) 表明,通过测量推力和质量流量就可求得有效排气速度 c。

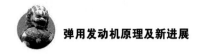

将推力公式(3.9)代入式(3.18)得

$$c = v_2 + \frac{(p_2 - p_3)A_2}{\dot{m}}$$ (3.19)

可见,当 $p_2 = p_3$ 时,有效排气速度 c 等于喷管出口的排气速度 v_2。

3.4　喷管的流量和面积比

　　化学火箭发动机主要采用拉瓦尔喷管,在设计状态喷管的喉部能够达到临界状态,喷管内流量能够达到最大值,喷管出口为超声速流。并且化学火箭发动机燃烧室内燃气的流速远小于喷管的排气速度,可忽略不计,喷管内的流动可认为是等熵流,有 $p_1 = p_1{}^* = p^*$,$T_1 = T_1{}^* = T^*$,于是根据式(2.36)可得超声速喷管的流量公式为

$$\dot{m} = \rho_{\mathrm{cr}} v_{\mathrm{cr}} A_{\mathrm{cr}} = \Gamma(k)\,\frac{p_1 A_{\mathrm{t}}}{\sqrt{RT_1}}$$ (3.20)

式中　$\dot{m}$——超声速喷管的质量流量;

　　　　A_{t}——喷管喉部面积;

　　　　T_1——喷管入口的静温;

　　　　p_1——喷管入口的静压,等于燃烧室压强。

　　对于喷管内的任意两截面 x 和 y,等熵喷管的面积比可表示为马赫数的函数,即

$$\frac{A_y}{A_x} = \frac{Ma_x}{Ma_y} \sqrt{\left\{\frac{1 + [(k-1)/2]\,Ma_y^2}{1 + [(k-1)/2]\,Ma_x^2}\right\}^{\frac{k+1}{k-1}}}$$ (3.21)

若令 $Ma_x = 1$,即在截面 x 处达到临界,由于拉瓦尔喷管的临界截面一定在喷管喉部,则可得喷管任一截面与喉部截面的面积比公式为

$$\frac{A}{A_{\mathrm{t}}} = \frac{1}{Ma} \sqrt{\left[\frac{2}{k+1}\left(1 + \frac{k-1}{2}Ma^2\right)\right]^{\frac{k+1}{k-1}}}$$ (3.22)

　　图3.4示出了喷管内是一维定常等熵流时,喷管面积比与马赫数的关系。

　　对于超声速喷管,利用式(2.13)、式(2.14)、式(2.22)和式(2.23)可将喉部面积与下游任一压力为 p_x 处的面积之比表示为压力比与比定压热容与比定容热容之比的函数,即

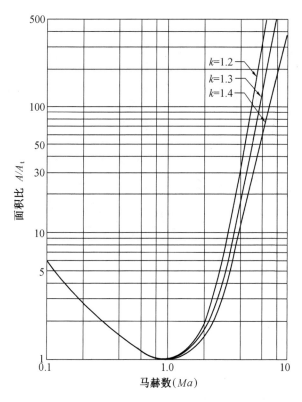

图 3.4　等熵流动的喷管面积比与马赫数的关系

$$\frac{A_t}{A_x} = \frac{V_{cr} v_x}{V_x v_{cr}} = \left(\frac{k+1}{2}\right)^{\frac{1}{k-1}} \left(\frac{p_x}{p_1}\right)^{\frac{1}{k}} \sqrt{\frac{k+1}{k-1}\left[1-\left(\frac{p_x}{p_1}\right)^{\frac{k-1}{k}}\right]} \qquad (3.23)$$

最常用的是喷管出口面积 A_2 与喉部面积 A_t 之比,称为喷管扩张比或**膨胀面积比**(area expansion ratio),用 ε 表示,即 $\varepsilon = \dfrac{A_2}{A_t}$。

根据式(3.16)和式(2.24)可以写出喷管喉部下游压力为 p_x 的 x 截面处的速度 v_x 与喉部速度 v_t 之比的表达式,即

$$\frac{v_x}{v_t} = \sqrt{\frac{k+1}{k-1}\left[1-\left(\frac{p_x}{p_1}\right)^{\frac{k-1}{k}}\right]} \qquad (3.24)$$

可见,根据给定的压力比,利用式(3.23)和式(3.24)可求出速度比或面积比。反之,也可根据给定的速度比或面积比求出压力比。图 3.5 给出了超声速喷管扩张段面积比、速度比与压力比的关系。

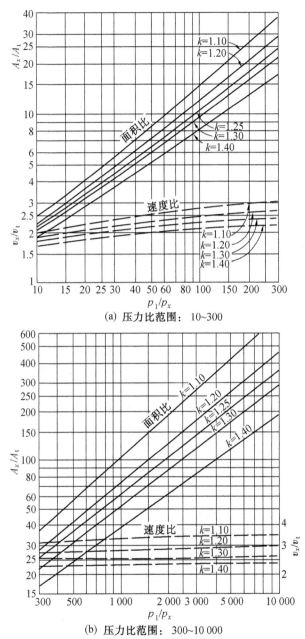

(a) 压力比范围：10~300

(b) 压力比范围：300~10 000

图 3.5　超声速喷管扩张段面积比、速度比与压力比的关系[9]

3.5　特征速度

特征速度（characteristic exhaust velocity）C^* 定义为燃烧室压强 p_1 和喷管喉部面积 A_t 的乘积与质量流量 $\dot{m}$ 之比，即

$$C^* = \frac{p_1 A_t}{\dot{m}} \tag{3.25}$$

式（3.25）常用于由 $\dot{m}$、p_1 和 A_t 的测量数据计算化学火箭发动机的特征速度值。

将式（3.20）代入式（3.25），得

$$C^* = \frac{\sqrt{kRT_1}}{k\sqrt{\left(\dfrac{2}{k+1}\right)^{\frac{k+1}{k-1}}}} \tag{3.26}$$

可见，特征速度是燃烧室内燃气性质的函数，它是代表推进剂组合的优越性及燃烧室设计品质的一个参数，基本与喷管的特性无关。式（3.26）给出了根据高温燃气性质计算特征速度 C^* 理论值的关系式。

3.6　推力系数

推力系数（thrust coefficient）C_F 定义为推力 F 与燃烧室压强 p_1 和喷管喉部面积 A_t 乘积的比值，即

$$C_F = \frac{F}{p_1 A_t} \tag{3.27}$$

由于乘积 $p_1 A_t$ 可视为燃烧室产生的推力，所以，推力系数表示由于喷管的作用，使推力室推力与燃烧室推力分量相比增大的倍数，C_F 是一个无因次量。C_F 越大，表示喷管在产生推力室推力方面的作用越大，可见推力系数是反映喷管性能的一个重要参数。式（3.27）也可作为由燃烧室压力、推力的测量值和喷管喉部面积求解 C_F 的关系式。

将推力公式（3.9）代入式（3.27）得

$$C_F = \frac{\dot{m}v_2 + A_2(p_2 - p_3)}{p_1 A_t} = \frac{v_2}{C^*} + \varepsilon\left(\frac{p_2}{p_1} - \frac{p_3}{p_1}\right) \tag{3.28}$$

若燃烧室和喷管喉部的尺寸不变,而喷管扩张段可随意收缩,则可以证明对于确定的环境压力 p_3,存在一个与最大推力系数对应的喷管扩张比。为了求出这个对应于最大推力系数的扩张比,必须求出推力系数对喷管扩张比的导数,由式(3.28)得

$$\frac{\mathrm{d}C_F}{\mathrm{d}\varepsilon} = \frac{1}{C^*}\frac{\mathrm{d}v_2}{\mathrm{d}\varepsilon} + \varepsilon\frac{\mathrm{d}(p_2/p_1)}{\mathrm{d}\varepsilon} + \left(\frac{p_2}{p_1} - \frac{p_3}{p_1}\right) \qquad (3.29)$$

为了求出 $\dfrac{\mathrm{d}v_2}{\mathrm{d}\varepsilon}$,可利用伯努利方程。将伯努利方程 $\dfrac{v_2^2 - v_1^2}{2} + \displaystyle\int_{p_1}^{p_2}\frac{\mathrm{d}p}{\rho} = 0$ 对 ε 求导得

$$v_2\frac{\mathrm{d}v_2}{\mathrm{d}\varepsilon} + \frac{1}{\rho_2}\frac{\mathrm{d}p_2}{\mathrm{d}\varepsilon} = 0$$

$$\frac{\mathrm{d}v_2}{\mathrm{d}\varepsilon} = -\frac{1}{v_2\rho_2}\frac{\mathrm{d}p_2}{\mathrm{d}\varepsilon} = -\frac{A_2}{\dot{m}}\cdot\frac{A_\mathrm{t}}{A_\mathrm{t}}\cdot\frac{p_1}{p_1}\cdot\frac{\mathrm{d}p_2}{\mathrm{d}\varepsilon}$$

于是得

$$\frac{\mathrm{d}v_2}{\mathrm{d}\varepsilon} = -\varepsilon C^*\frac{\mathrm{d}(p_2/p_1)}{\mathrm{d}\varepsilon}$$

将上式代入式(3.29)得

$$\frac{\mathrm{d}C_F}{\mathrm{d}\varepsilon} = \frac{p_2}{p_1} - \frac{p_3}{p_1}$$

为求推力系数的最大值,令 $\dfrac{\mathrm{d}C_F}{\mathrm{d}\varepsilon} = 0$,得 $\dfrac{p_2}{p_1} = \dfrac{p_3}{p_1}$。

可见,对于任何给定的压力比 $\dfrac{p_3}{p_1}$,当 $\dfrac{p_2}{p_1} = \dfrac{p_3}{p_1}$,即 $p_2 = p_3$ 时,推力系数达到最大值,这个最大值称为最佳推力系数。图3.6示出了最佳膨胀条件下的推力系数 C_F 与喷管压力比 $\dfrac{p_1}{p_2}$、面积比 ε 和比定压热容与比定容热容之比 k 的关系曲线。

将式(3.16)、式(3.26)代入式(3.28)得

$$C_F = \Gamma(k)\sqrt{\frac{2k}{k-1}\left[1 - \left(\frac{p_2}{p_1}\right)^{\frac{k-1}{k}}\right]} + \varepsilon\left(\frac{p_2}{p_1} - \frac{p_3}{p_1}\right) \qquad (3.30)$$

式(3.30)是推力系数的理论计算式。由式(3.30)可得到如下结论:

(1)理论推力系数 C_F 是比定压热容与比定容热容之比 k、喷管膨胀面积比 ε、喷管压力比 p_1/p_2 和压力比 p_1/p_3 的函数。图3.7和图3.8分别示出了 $k = 1.20$ 和 $k = 1.30$ 时,推力系数与压力比 p_1/p_3 和面积比 ε 的关系曲线。

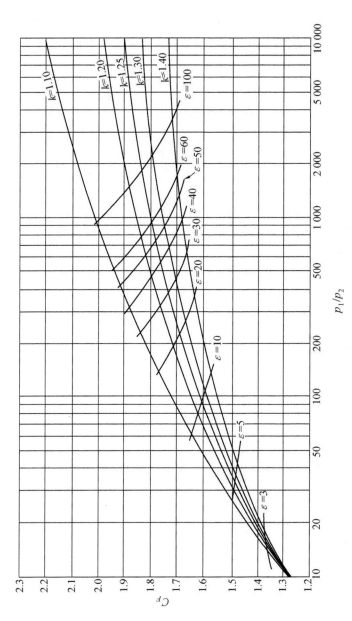

图3.6　最佳膨胀条件下的推力系数 C_F 与喷管压力比 p_1/p_2、面积比 ε 和比定压热容与比定容热容之比 k 的关系曲线

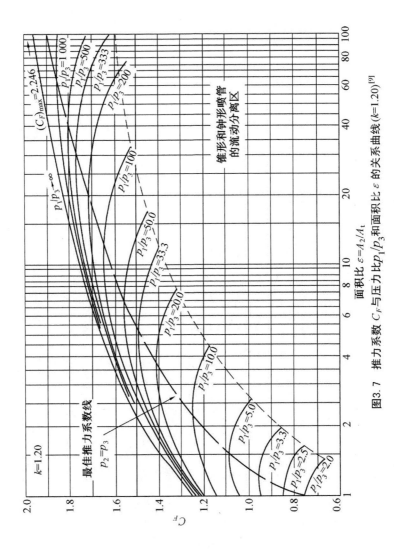

图3.7 推力系数 C_F 与压力比 p_1/p_3 和面积比 ε 的关系曲线(k=1.20)[9]

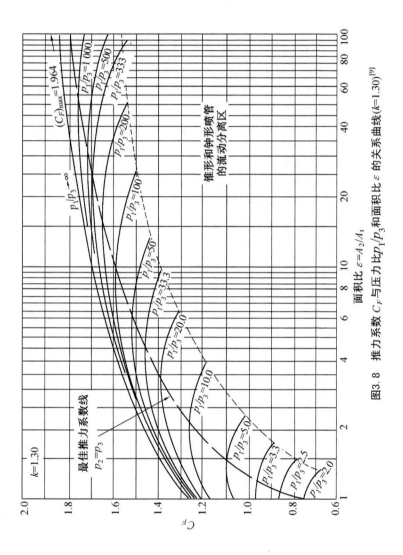

图3.8　推力系数 C_F 与压力比 p_1/p_3 和面积比 ε 的关系曲线（$k=1.30$）[9]

（2）当发动机工作在不同高度时,推力系数 C_F 将随高度的升高而增大,这是因为随着飞行高度的升高,外界压强 p_3 将降低。当 $p_1/p_3 \to \infty$ 时,推力系数达到理论的极限推力系数 $C_{F,\max}$,它可由下式求出:

$$C_{F,\max} = \sqrt{\frac{2k^2}{k-1}\left(\frac{2}{k+1}\right)^{(k+1)/(k-1)}} \tag{3.31}$$

当 $k = 1.20$ 时,$C_{F,\max} = 2.246$,当 $k = 1.30$ 时,$C_{F,\max} = 1.964$。

例题 一火箭发动机的膨胀面积比 $\varepsilon = 9$,燃气的比定压热容与比定容热容之比 $k = 1.30$。求:(1)最佳推力系数;(2)当 $p_1/p_3 = 50$ 和 $p_1/p_3 = 200$ 时,分别求相应的推力系数;(3)求 $p_1/p_3 = 200$ 时的最佳推力系数,此时发动机的面积比应为多大?

解 （1）由图3.8中相应于 $\varepsilon = 9.0$ 的垂直线与最佳推力系数线的交点对应的纵坐标值,可得最佳推力系数为 $C_F = 1.58$。

（2）由图3.5(a)可查得当 $A_2/A_t = 9.0$,$k = 1.30$ 时,$p_1/p_2 = 90$。

由式(3.30)可得当 $p_1/p_3 = 50$ 时,$C_F = 1.5$;式(3.30)可得当 $p_1/p_3 = 200$ 时,$C_F = 1.634$。

（3）由图3.8中相应于 $p_1/p_3 = 200$ 的推力系数曲线与最佳推力系数线的交点对应的纵坐标值,可得 $p_1/p_3 = 200$ 时的最佳推力系数为 $C_F = 1.65$。

只有当 $p_1/p_2 = p_1/p_3 = 200$ 时,才有最佳推力系数。将 $p_1/p_2 = 200$,$k = 1.30$ 代入式(3.25)可得 $A_2/A_t = 15.9$。

由例题可得出如下结论:

（1）当 p_1/p_3 一定时,存在一个最佳推力系数,即 C_F 有一个最大值。此时 $p_1/p_2 = p_1/p_3$,即 $p_2 = p_3$。

（2）对于一个给定的发动机(A_2/A_t 一定或 p_1/p_2 一定),在飞行过程中,随着飞行高度的变化,其推力系数也发生变化。通常将满足 $p_2 = p_3$ 时的飞行高度称为设计高度。在设计高度以下,推力系数小于最佳推力系数,在设计高度以上,推力系数大于最佳推力系数。

3.7　喷管内气流参数计算

喷管中任一截面上的气体的流动参数(静温 T、比容 V、流速 v)与该处的压比 p/p_1^* 有关,由式(2.14)、式(3.16)和式(3.23),并考虑到 $p_1 \approx p_1^*$,$T_1 \approx T_1^*$,$V_1 \approx V_1^*$,可得到如下关系式:

$$\begin{cases} T = T_1^* \left(\dfrac{p}{p_1^*} \right)^{\frac{k-1}{k}} \\[2ex] V = V_1^* \left(\dfrac{p}{p_1^*} \right)^{-\frac{1}{k}} \\[2ex] v = \sqrt{\dfrac{2k}{k-1} R T_1^* \left[1 - \left(\dfrac{p}{p_1^*} \right)^{(k-1)/k} \right]} \\[3ex] A = \dfrac{A_t \left(\dfrac{2}{k+1} \right)^{1/(k-1)}}{\left(\dfrac{p}{p_1^*} \right)^{1/k} \sqrt{\dfrac{k+1}{k-1} \left[1 - \left(\dfrac{p}{p_1^*} \right)^{(k-1)/k} \right]}} \end{cases} \qquad (3.32)$$

式中　　p_1^*、T_1^*、V_1^*——喷管入口的滞止压力、滞止温度和滞止比容；

　　　　A_t——喷管喉部的横截面积。

式(3.32)是以喷管入口截面的参数为已知条件,以压比 p/p_1^* 为自变量计算喷管任一截面气流参数的基本关系式。

计算喷管各截面的气流参数时,更方便的方法是采用马赫数作为自变量,利用式(2.17)、式(2.19)、式(2.20)和式(3.22),并考虑到喷管内的总温、总压和总比容为常数,可得如下关系式:

$$\left. \begin{aligned} T &= \left(1 + \frac{k-1}{2} Ma^2 \right)^{-1} T_1^* \\[2ex] p &= \left(1 + \frac{k-1}{2} Ma^2 \right)^{-\frac{k}{k-1}} p_1^* \\[2ex] V &= \left(1 + \frac{k-1}{2} Ma^2 \right)^{\frac{1}{k-1}} V_1^* \\[2ex] A &= A_t \frac{1}{Ma} \sqrt{ \frac{2}{k+1} \left(1 + \frac{k-1}{2} Ma^2 \right)^{\frac{k+1}{k-1}} } \end{aligned} \right\} \qquad (3.33)$$

式(3.33)是以喷管入口截面的参数为已知条件,以马赫数为自变量计算喷管任一截面气流参数的基本关系式。在计算某截面的气流参数时,首先应用式(3.33)中的面积比公式求出喷管中某一面积比所对应的马赫数,然后再代入其他关系式求出该截面处的气流参数 T、p 和 V。

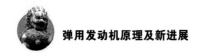

3.8　功率与效率

在火箭发动机理论和实际应用中,很少使用功率与效率的概念,只有在对各种不同发动机系统进行比较和评估时概念才用得上。

化学火箭发动机的输入功率 P_{chem} 定义为单位时间进入发动机内的推进剂的最大可用能量,即

$$P_{chem} = \dot{m}Q_R \tag{3.34}$$

式中　　Q_R——燃烧反应热,它是单位质量化学推进剂的最大可用能量;

　　　　$\dot{m}$——推进剂的质量流量。

在化学火箭发动机中,通常将喷射物质称为射流。射流功率 P_{jet} 定义为单位时间内喷射物质的动能,对于恒定的气体喷射速度 v_2,有

$$P_{jet} = \frac{d\left(\frac{1}{2}mv_2^2\right)}{dt} = \frac{1}{2}\dot{m}v_2^2 \tag{3.35}$$

传递给飞行器的功率 $P_{vehicle}$ 定义为发动机的推力 F 与飞行器的飞行速度 v_0 之积

$$P_{vehicle} = Fv_0 \tag{3.36}$$

比功率(specific power) P_S 定义为射流功率 P_{jet} 除以推进系统的装填质量 m_0。当计算化学火箭推进系统的比功率时,推进系统的装填质量 m_0 包括推进系统的质量(贮存推进剂和燃烧推进剂所需的硬件)和有效推进剂质量,不包括推进系统组件之外的质量,如有效载荷。比功率用于度量推进系统质量(包含能量源)的可用性。表 3.1 给出了各种化学火箭发动机的典型参数。

表 3.1　各种化学火箭发动机的典型参数

发动机类型	比冲/s	最高温度/℃	比功率/(kW·kg⁻¹)	典型工质
固体火箭发动机	200 ~ 280	2 500 ~ 4 100	$10^{-1} \sim 10^3$	双基或复合推进剂
双组元液体火箭发动机	260 ~ 440	3 000 ~ 4 100	$10^{-1} \sim 10^3$	双组元推进剂
单组元液体火箭发动机	180 ~ 240	800 ~ 1 000	0.02 ~ 200	N_2H_4

任何火箭发动机中都存在两种能量转换过程,即能量的产生过程(实际上是把贮存的能量转换为可用的能量)及随后的转变为反作用推力形式的转

换过程。喷射物质的动能是对推进有用的能量形式。在能量的转换过程中必然存在各种能量损失,效率就是用来估计损失大小的物理量。常用的有内效率和推进效率。

内效率(internal efficiency)用于表示输入推进装置的能量向喷射物质动能转化的有效性。内效率 η_i 定义为射流功率 P_{jet} 与发动机的输入功率 P_{chem} 之比,即

$$\eta_i = \frac{P_{jet}}{P_{chem}} = \frac{\frac{1}{2}\dot{m}v_2^2}{\dot{m}Q_R} \tag{3.37}$$

推进效率(propulsion efficiency)是用来确定多少排气动能对推进飞行器有用的参数,用 η_p 表示,即

$$\eta_p = \frac{飞行器功率}{飞行器功率 + 射流剩余功率} = \frac{Fv_0}{Fv_0 + \frac{1}{2}\left(\frac{\dot{\omega}}{g}\right)(c - v_0)^2} = \frac{\frac{2v_0}{c}}{1 + \left(\frac{v_0}{c}\right)^2} \tag{3.38}$$

式中　　c——有效排气速度;

　　　　$\dot{\omega}$——质量流量。

不同速度比(v_0/c)时的推进效率如图 3.9 所示。从图中可看出,当速度比 $v_0/c = 1$ 时,推进效率最大,此时飞行器向前的速度恰好等于排气速度,射流的剩余动能和绝对速度为零,排气在空中静止不动。

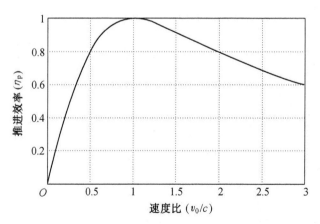

图 3.9　不同速度比(v_0/c)时的推进效率

3.9　实际的化学火箭发动机

前面给出的化学火箭发动机参数的计算关系式都是针对理想火箭发动机而言的。所谓理想火箭发动机就是采用一定假设,将实际火箭发动机理想化,理想火箭发动机采用的假设如下:

(1) 化学推进剂在燃烧室内完全燃烧,生成无凝相的完全气体。

(2) 完全气体在喷管内的流动是一维等熵定常流。

实际火箭发动机内的工作过程与前述理想火箭发动机内的工作过程之间有明显的差异。首先实际火箭发动机中,由于喷雾的不均匀性、沿燃烧室各截面组元混合比的不均匀性、燃烧不完全以及其他原因,使得实际过程中释放的热量减小,并导致燃烧产物的参数(化学成分、燃烧产物的温度和压力以及c_p、c_V、R、k)偏离理想值。其次,一般情况下,在燃烧室或喷管内的任一截面上,燃气的组成、当地压力和温度等就时间及位置两方面来看,都是偏离平均值的;接近壁面的燃气(附面层)速度比轴线上的燃气速度通常都低些;燃烧并非是瞬间发生的,喷管内的燃气由于膨胀而使压力和温度不断变化,化学平衡也在转移;喷管出口处的流动是扩张的,而很少是真正轴向的流动;另外喷管的形状和长度也影响喷管内的损失。

再者,若发动机的总工作时间很短(例如反坦克火箭或脉冲式姿态控制火箭),则启动和关机过程将占总工作时间的一部分,因此,在这种情况下,发动机的整个工作过程并非都是稳态的,还存在非稳态的工作过程。

另外,当燃烧产物中存在凝相时,如含有一定量铝化合物的推进剂燃烧后,气态产物中含有许多液滴和固体颗粒,这些颗粒必然由气体来加速,于是由于颗粒加速和相之间的传热所引起的不可逆过程以及相变过程的不平衡性都会引起比冲和推力损失。

实际火箭发动机与理想火箭发动机的偏差程度可以用燃烧室效率、喷管效率、比冲效率、流量修正系数来表征。下面给出这些参数的定义。

1. 燃烧室效率 ξ_c

燃烧室效率 ξ_c 定义为实际的特征速度 $(C^*)_a$ 与相同组元混合比、相同燃烧室压力条件下理论特征速度 $(C^*)_i$ 的比值,即

$$\xi_c = \frac{(C^*)_a}{(C^*)_i} \qquad (3.39)$$

上式中理论特征速度可由式(3.26)求出或由发动机的热力计算获得;实际特征速度可利用推力室试验得到的 p_1、A_t 和 $\dot{m}$ 的测量值代入式(3.25)求出。试验表明,ξ_c 的值为 0.96 ~ 0.99,该值取决于燃烧室的混气形成方案和燃烧室的长度。

2. 喷管效率 ξ_F (推力修正系数)

喷管效率 ξ_F 定义为实际真空推力系数 $(C_F)_a$ 与相同组元混合比、相同燃烧室压力、相同喷管膨胀面积比条件下的理论真空推力系数 $(C_F)_i$ 的比值,即

$$\xi_F = \frac{(C_F)_a}{(C_F)_i} \tag{3.40}$$

上式中的理论真空推力系数可由式(3.25)求得,实际真空推力系数可利用推力室试验得到的 p_1、A_t 和 F 的测量值代入式(3.27)求得。

发动机的实际推力可表示为

$$F_a = (C_F)_a A_t p_1 = \xi_F (C_F)_i A_t p_1 = \xi_F F_i \tag{3.41}$$

可见,ξ_F 也是实际推力与理论推力的比值,又称推力修正系数,ξ_F 的值一般在 0.92 ~ 1.00 之间。

3. 比冲效率 ξ_{I_s}

比冲效率 ξ_{I_s} 定义为真空比冲的实际值 $(I_s)_a$ 与理论值 $(I_s)_i$ 之比,即

$$\xi_{I_s} = \frac{(I_s)_a}{(I_s)_i} = \xi_c \cdot \xi_F \tag{3.42}$$

通常比冲效率在 0.85 ~ 0.98 之间,平均值接近 0.92。

4. 流量修正系数 ξ_d

流量修正系数 ξ_d 定义为通过喷管的实际质量流量 $\dot{m}_a$ 与理论质量流量之比 $\dot{m}_i$,即

$$\xi_d = \frac{\dot{m}_a}{\dot{m}_i} \tag{3.43}$$

上式中理论流量 $\dot{m}_i$ 可通过式(3.20)求出。流量修正系数 ξ_d 在 0.98 ~ 1.15 之间,一般都大于 1。

实际推力还可表示为

$$F_a = \dot{m}_a g_0 (I_s)_a = \xi_d \xi_{I_s} \dot{m}_i g_0 (I_s)_i = \xi_F \cdot F_i$$

于是有

$$\xi_F = \xi_d \cdot \xi_{I_s} \tag{3.44}$$

思 考 题

1. 简述推力室的推力的定义及推导推力公式时采用的假设条件。
2. 试写出推力室的推力的表达式,判断推力与火箭飞行速度是否有关?
3. 什么是化学火箭发动机的高度特性?
4. 试写出比冲的定义和表达式及国际单位制下比冲的单位。
5. 化学火箭发动机的性能参数有哪些? 这些参数之间有什么关系?
6. 定义理想火箭发动机时都做了哪些假设?
7. 简述特征速度 C^* 的定义及其物理意义。
8. 简述推力系数的定义及其及物理意义。影响推力系数的主要因素有哪些?
9. 从能量转化的角度评价发动机的性能采用哪些参数?

习 题

1. 某防空导弹固体火箭发动机的数据如下:比冲为 240 s,工作时间为 13.6 s,燃烧室压强为 14 MPa,喷管喉部面积为 0.003 m²,发动机质量为 440 kg,推进剂质量为 390 kg,推进剂的热能值为 5.9 MJ/kg,导弹的巡航速度为 670 m/s。求:(1) 有效排气速度;(2) 推进剂的质量流量;(3) 设计状态下的推力;(4) 射流功率;(5) 传递给飞行器的功率;(6) 比功率;(7) 内效率;(8) 推进效率;(9) 推力系数;(10) 特征速度。

2. 某运载火箭助推器的数据如下:起飞时质量为 277 t,分离时质量为 40 t,工作时间为 129 s,推力为 4 893 kN。求:(1) 推进剂的流量;(2) 比冲;(3) 总冲。

3. 某火箭发动机在海平面的推力为 896.3 kN,比冲为 254 s,喷管出口面积为 1.058 m²,喷管出口压力为 0.06 MPa,计算附表所列飞行高度下的发动机的推力和比冲,并画出推力和比冲随飞行高度的变化曲线。

4. 某喷管内的燃气在等熵条件下膨胀,其燃烧室出口(或喷管进口)速度为 70 m/s,其最终速度为 1 500 m/s。该燃气焓的变化是多少? 如果忽略起始速度,那么引起的百分比误差为多大?

5. 某理想发动机的参数如下:燃气的平均相对分子质量为24,燃烧室压力为2.533 MPa,出口压力为 0.090 MPa,燃烧室温度为 2 900 K,喉部面积为0.000 5 m², 比定压热容与比定容热容之比为 1.3,试求:(1)喉部速度;(2)喉部的比容;(3)推进剂流量和比冲;(4)推力;(5)喉部的马赫数。

6. 在发动机燃烧室内,燃气($k = 1.3, R = 345$ J/(kmol · K))的温度为3 000 K、压力为 2 MPa,燃气流速为 100 m/s。求:(1)马赫数;(2)若流量为21.6 kg/s,试求燃烧室的横截面积。

7. 设计一个在 10 km 高度工作、面积比为 8.0 的超声速喷管。取热燃气$T_0 = 3 000$ K、$k = 1.3$、燃气的摩尔质量为 24 kg/kmol。试确定出口马赫数、出口速度和出口温度以及室压。若室压增加一倍,则推力和出口速度为多大?假设气体特性不变。

8. 某理想发动机燃烧室压力为 2.72 MPa,喷管出口压力为 0.002 MPa,比定压热容与比定容热容之比为 1.2,燃气的平均相对分子质量为 21.0,燃烧室温度为 2 588 K,试确定临界压力比、喉部气体速度、面积比和喷管理论出口速度。

9. 某火箭发动机在海平面条件下(p_3 为 0.101 3 MPa)工作。其燃烧室压力 $p_1 = 2.068$ MPa,燃烧室温度 $T_1 = 2 222$ K,而推进剂流量 $\dot{m} = 1$ kg/s(令 $k = 1.3, R = 345.7$ J/(kmol · K))。

(1)试用图表示出变数 A、v、V 和 M 随喷管出口压力的变化关系,并计算出理论推力与理论比冲;

(2)如果将其喷管截去一段,使喷管出口面积减少50%,试求动能损失与推力损失,并以原有动能和推力的百分数表示;

(3)若将喷管设计为膨胀到真空状况时,求其最大排气速度;如果膨胀面积比为 2 000,其排气速度为多大?

(4)求实际推力、实际排气速度、实际比冲、速度修正系数。假定推力修正系数为 0.985,流量修正系数为 1.05。

10. 某理想发动机的特征速度为 1 220 m/s,质量流量为73.0 kg/s,推力系数为 1.50,喷管的喉部面积为 0.248 m²。试求有效排气速度、推力、燃烧室压力和比冲。

11. 按下述条件设计一个发动机喷管:燃烧室压力为 2.068 MPa;环境大气压力为 0.101 3 MPa;燃烧室温度为 2 861 K;气体平均相对分子质量为21.87;理想比冲为230 s;比定压热容与比定容热容之比为 1.229;要求推力为1 300 N。比冲效率为 0.92,推力修正系数为 0.96。试求:喷管喉部面积与出

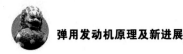

口面积、喉部直径与出口直径、实际排气速度及实际比冲。

12. 试推导化学火箭发动机推进效率的表达式,并证明当 $c = v_0$ 时推进效率最大。

13. 若发动机喷管内燃气的流动是稳态等熵流动,试推导流量公式

$$\dot{m} = \frac{A_x p_1}{R} \sqrt{2} \left\{ \frac{c_p}{T_1} \left[\left(\frac{p_x}{p_1} \right)^{2/k} - \left(\frac{p_x}{p_1} \right)^{(k+1)/k} \right] \right\}^{1/2}$$

14. 试推导超声速喷管的流量公式

$$\dot{m} = \frac{A_t v_t}{V_t} = A_t p_1 \frac{k \sqrt{[2/(k+1)]^{(k+1)/(k-1)}}}{\sqrt{kRT_1}} = \Gamma(k) \frac{A_t p_1}{\sqrt{RT_1}}$$

15. 试推导等熵喷管的面积比公式

$$\frac{A_y}{A_x} = \frac{Ma_x}{Ma_y} \sqrt{\left\{ \frac{1 + [(k-1)/2] Ma_y^2}{1 + [(k-1)/2] Ma_x^2} \right\}^{\frac{k+1}{k-1}}}$$

16. 证明:对于给定的压力比 p_1/p_3,当 $p_1/p_2 = p_1/p_3$,即 $p_2 = p_3$ 时,推力系数 C_F 达到最大值。

第 4 章

化学推进剂及燃烧

化学推进剂既是化学火箭发动机的初始能源,又是发动机的工质。化学推进剂在火箭发动机中经过化学和热力学变化最终形成工作气体。按推进剂的物态不同,化学推进剂可分为液体火箭推进剂和固体火箭推进剂两类,本章讨论这些推进剂的分类、组成和性能,并在此基础上简要介绍推进剂的燃烧。

4.1 液体火箭推进剂

液体火箭推进剂(liquid rocket propellant)又称液体推进剂,它是一种液态物质或几种液态物质的组合,可以是单质、化合物或混合物。

4.1.1 液体推进剂的分类

对液体推进剂进行分类的方法有很多,下面介绍几种常用的分类方法。

(1)按照推进剂所包含的基本组元的数目分类。

推进剂组元(propellant suit)是指单独贮存并单独向发动机供给的液体火箭推进剂的组成部分。按照这种方法分类,液体推进剂可分为**单组元推进剂**(monopropellant),**双组元推进剂**(bipropellant)和**三组元推进剂**(tripropellant)。

单组元推进剂是指在同一物质中既含有氧化剂又含有燃烧剂。它可能是单一物质,也可能是几种成分的混合物,典型的单组元推进剂有肼、过氧化氢和硝基羟铵(HAN)基推进剂等。单组元推进剂在常温状态下是稳定的,而当受热或受催化作用时就分解并产生炽热的燃烧气体。表4.1列出了一些单组元推进剂的特点和应用。

表4.1　单组元推进剂的特点和应用[10-13]

名　　称	特　　点	应　　用
肼(C_2H_4)	毒性大,自身挥发会放出难闻的氨味,遇明火、高热极易燃烧爆炸;在催化剂作用下能分解;理论比冲为230 s	Intelsat卫星推进系统(1968年)、飞行器的姿控发动机、轨控发动机和深空探测器着陆下降发动机
过氧化氢(H_2O_2)	无毒、无污染、高密度、易储存、高比热;在催化剂作用下能分解;理论比冲为147 s	V1导弹的起飞助推器、产生涡轮工质的燃气发生器、美国 General Kinetics 公司研制 100 N 过氧化氢单组元发动机
硝基羟铵基(HAN)推进剂	冰点低、密度高、安全、无毒,且常压下不敏感,贮存安全,无着火爆炸的危险;理论比冲为250 ～ 280 s	目前研究的重点是对 HAN 基推进剂的配方研究以及与单组元肼推进系统的对比研究,尚无应用

双组元推进剂是指包含两种推进剂组元,一种组元是氧化剂,如液氧、四氧化二氮,另一种组元是液体燃料,如液氢、肼类、碳氢化合物。它们被分别贮

存,并且在燃烧室外不混合。现代液体火箭发动机广泛采用双组元液体推进剂,表4.2给出了双组元推进剂的特点和应用。

表4.2　双组元推进剂的特点和应用

名　　称	特　　点	应　　用
液氧／乙醇	中等能量,低温推进剂	V2 弹道导弹
液氧／煤油	能量较高,低温推进剂,不能自燃	俄罗斯洲际弹道导弹 SS－6 的两级、SS－10 的第一级
液氧／偏二甲肼	中等能量,低温推进剂,不能自燃	俄罗斯地地中远程导弹 SS－4 第二级
红发烟硝酸／偏二甲肼	中等能量,可自燃,可贮存推进剂	俄罗斯地地弹道导弹 SS－1C、SS－5、SS－8、SS－9 两级、SS－10第二、三级
红发烟硝酸／煤油	中等能量,可贮存推进剂	俄罗斯地地中远程导弹 SS－4 第一级
N_2O_4／偏二甲肼	能量较高,可自燃,推进剂有一定的腐蚀性和毒性	俄罗斯洲际弹道导弹 SS－18、SS－19
N_2O_4／混肼50	能量较高,可自燃,在发射井内可长期保存	美国"大力神Ⅱ"洲际弹道导弹
N_2O_4／一甲基肼	能量低,可贮存推进剂,能自燃	美国"民兵3"、"和平卫士"导弹的弹头母舱发动机

对于双组元推进剂,氧化剂和液体燃料按推进剂混合比进行混合反应以产生热燃气。**混合比**(mixfure ratio)γ 定义为氧化剂的质量流量 $\dot{m}_o$ 和燃料的质量流量 $\dot{m}_f$ 之比,通常用 γ 表示,即

$$\gamma = \frac{\dot{m}_o}{\dot{m}_f} \tag{4.1}$$

该混合比确定反应产物的成分,通常以获得最大的 T_1/μ 值来选取,其中 T_1 是燃烧温度,μ 是反应气体的摩尔质量。

三组元推进剂指由两种燃料组元和一种氧化剂组元组成的推进剂。早期的三组元液体火箭发动机是通过在传统的双组元发动机中添加易燃金属(如锂、铍)作为第二种燃料以提高发动机的比冲。目前研究的三组元液体火箭发动机主要采用液氢、液氧、煤油这 3 种推进剂组元,在飞行过程中通过转工况改变推力、比冲来满足飞行任务的需要。

(2)按长期条件下推进剂的物理、化学稳定性分类。

按照这种方法分类,液体推进剂分为**可贮存推进剂**(storable propellant)和**低温推进剂**(cryogenic propellant)。可贮存推进剂又称地面可贮存推进

剂,是指在地面条件下能在贮箱内长期存放而不发生超过规定的物理和化学变化的推进剂,通常规定推进剂的临界温度不低于 323 K。常用的可贮存推进剂有煤油、混肼、偏二甲肼(UDMH)、一甲肼(MMH)、红发烟硝酸。低温推进剂又称不可贮存推进剂,是指在大气压下,组元的沸点低于 120 K 的推进剂。该种推进剂组元不能长期贮存,需要在使用时现场临时加注,使用低温推进剂组元时,贮箱、管路和阀门必须采取绝热措施。常用的低温推进剂有液氧(LO_2)、液氢(LH_2)、液氟和液态甲烷。由于作战性能的要求,各种导弹多数采用可贮存推进剂。

(3)按照氧化剂和燃料互相接触后能否自动着火分类。

按照这种方法分类,液体推进剂可分为**自燃推进剂**(hypergolic propellant)和**非自燃推进剂**(nonhypergolic propellant)。自燃推进剂是指氧化剂和燃料相互接触就会引发燃烧,非自燃推进剂是指氧化剂和燃料混合后不能引发燃烧。使用自燃推进剂的发动机可省去点火系统,从而提高了发动机工作的可靠性。常用的自燃推进剂有:硝酸／混胺、硝酸／偏二甲肼、四氧化二氮／混肼、四氧化二氮／偏二甲肼、四氧化二氮／一甲肼;非自燃推进剂有:液氧／液氢、液氧／煤油、液氧／偏二甲肼。

4.1.2　对液体推进剂的要求

由于火箭的用途不同,对推进剂提出的物理性能要求、使用性能要求、经济性要求也是不相同的。例如当为军用火箭动力装置选择推进剂时,就只能从可贮存的并可随时发射的推进剂中挑选,以满足军用火箭高度战斗准备的要求。对于将人造卫星送入轨道的运载火箭,通常它的发射时间是预先规定的,发射前的准备工作可以按照所选用推进剂的要求,有计划、有步骤地进行,因此采用低温推进剂就不会有什么困难。

大型运载火箭使用的大推力发动机,其特点是推进剂的流量很大,尤其在研制过程中,发动机的地面试车要消耗大量的推进剂。因此,运载火箭下面级发动机应该采用低成本可大量生产的推进剂,且要求推进剂组元及其燃烧产物的毒性要小。作为防空火箭的液体推进剂,它在大气环境中以充灌状态贮存在火箭贮箱中,因此,对它提出的要求是必须能在足够宽的温度范围内保持液态。

1. 物理性质的要求

(1)冰点低。这可以使火箭在寒冷气候条件下工作。

(2)密度大。密度对任何一个以液体推进剂火箭发动机为动力的飞行器或导弹的最大飞行速度和航程都有着重大的影响。为了在一定的飞行器贮箱内装更多的推进剂,就要求推进剂的密度要大。推进剂的密度大可使飞行器结构尺寸缩小,从而达到相对低的飞行器结构质量和较小的气动阻力。对于任何给定的混合比 γ,推进剂组合的平均密度 ρ_{av} 可由燃烧剂密度 ρ_f 和氧化剂密度 ρ_o 确定。平均密度是指燃烧剂和氧化剂的总质量除以它们的体积之和,即

$$\rho_{av} = \frac{\rho_o \rho_f (1 + \gamma)}{\gamma \rho_f + \rho_o} \tag{4.2}$$

一些常用液体推进剂的物理性质见表 4.3。

表 4.3　一些常用液体推进剂的物理性质

推进剂	分子式	相对分子质量	沸点/℃	冰点/℃	蒸汽压/MPa	密度/(g·cm^{-3})
液氧	O_2	32.0	-183	-218.9	0.014 8 (-198.3 ℃)	1.370(-218.3 ℃) 1.139(-182.8 ℃)
四氧化二氮	N_2O_4	92.016	21.15	-11.23	0.010 14 (20 ℃)	1.44(21.1 ℃) 1.45(20.0 ℃)
浓硝酸 (纯度为99%)	HNO_3	63.016	86	-41.6	0.001 89 (0 ℃)	1.54(5 ℃) 1.504(25 ℃)
偏二甲肼	$(CH_3)_2NNH_2$	60.10	63.1	-57.2	0.038 4(16 ℃)	0.791 4(22 ℃)
煤油(RP-1)	烃 $CH_{1.97}$	175	187 ~ 267	-48	0.002 (71 ℃)	0.58(148.5 ℃) 0.807(15.5 ℃)
肼	N_2H_4	32.05	113	1.4	0.001 4 (20 ℃)	1.008 5(20 ℃) 1.025 8(0 ℃)
一甲基肼	CH_3NHNH_2	46.08	87.5	-52.5	0.005 5(20 ℃)	0.874 4(20 ℃)
液氢	H_2	2.016	-252.7	-259.1	0.2 (-250.2 ℃)	0.071 8(-254.2 ℃) 0.035 6(-240.2 ℃)

在某些性能比较中,应用了**密度比冲**(density specific impulse)这一参数,通常用 I_d 表示。它被定义为平均密度 ρ_{av} 和比冲 I_s 之乘积,即

$$I_d = \rho_{av} I_s \tag{4.3}$$

(3)有足够的物理化学稳定性,应考虑以下几个方面:

① 高的自燃温度,以防止意外着火;

② 有足够的抗机械冲击的稳定性;

③ 不易突然爆炸;

④ 与材料有相当好的相容性。应该在与管道、贮箱壁、阀门座及密封材

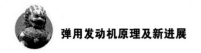

料接触时化学反应小到可以忽略不计。

（4）液体推进剂的物理性质随温度变化应当尽量小。

2. 使用性能的要求

（1）满足可以作为冷却剂的要求,应具有以下几个特点:

① 高的沸点和分解温度;

② 高的比热容;

③ 高的导热系数。

（2）点火性能方面。为了减少启动期间爆炸的危险,推进剂应该容易点火并且要求点火延迟时间短。

（3）推进剂和燃烧产物的毒性要小,以减少对环境的污染和对人员的伤害。

3. 经济性要求

要求推进剂价格低廉,原材料丰富,生产工艺、设备简单,制造容易。

上面所述的这些要求,都是对液体推进剂的基本要求。当然,不存在能完全满足上述要求的推进剂。在每种具体情况下,会以相应性能要求为主,而正是这些主要要求决定了氧化剂和燃烧剂的选择。

4.1.3 液体氧化剂

常用的液体氧化剂有液氧、硝酸、四氧化二氮和过氧化氢。

1. 液氧

液氧即液态的氧气,它是一种淡青色透明的液体,在一个大气压下的沸点为 - 183 ℃(90 K),冰点为 - 218.9 ℃。液氧是利用空气中各成分液化点的不同而分离出来的,因此,它与其他氧化剂相比,最大的优点是原料丰富,生产成本低廉,符合经济性要求。

液氧的化学性质稳定,对机械冲击不敏感,也不易分解;液氧是无腐蚀、无毒的液体,符合使用要求。

液氧在常温下极易蒸发,因此不宜长时间贮存。为了减少液氧的挥发损失,盛装液氧的管道、贮箱、阀等需要隔热。

液氧与材料的相容性主要是氧化和低温造成的。一些金属在某些状态下,能与液氧起剧烈的氧化反应,如金属钛就是这样的材料。因此,可以采用下列材料制造液氧贮箱:铜和铜合金、铝及其合金 LD1、LD2、LD3、…、LY11、LY12 等、不锈钢。

用液氧作为火箭推进剂的氧化剂,首先是由齐奥尔科夫斯基(Циолковский)在 1903 年提出的。液氧是能量较高的氧化剂之一,在同一燃烧剂的条件下,以液氧为氧化剂的推进剂与其他氧化剂(除液氟外)的推进剂相比在能量方面更占优势。

2. 硝酸

浓硝酸液态温度范围宽(沸点为 86 ℃,冰点为 - 41.6 ℃)、密度大(1.5 ~ 1.6 g/cm³),与某些燃料(肼类、胺类)组合能成为自燃推进剂,且成本低。

浓硝酸的最大缺点是它几乎对一切材料都有强烈的腐蚀性,因此,只有某些类型的不锈钢、金和少数其他材料可作为其贮存容器和管道材料。

浓硝酸的化学稳定性差,在贮存期间会发生分解,导致其性质随着贮存时间的延长而变化。

硝酸氧化剂中最常用的一种是红发烟硝酸,它是浓硝酸和四氧化二氮的混合物。与浓硝酸相比,红发烟硝酸能量较高,贮存较稳定,对许多贮箱材料的腐蚀性较小。

3. 四氧化二氮

四氧化二氮是一种黄褐色液体,密度为 1.44 g/cm³,能与许多燃料混合后引起燃烧。四氧化氮的缺点是液态温度范围窄(沸点为 21.15 ℃、冰点为 - 11.23 ℃),因此既容易冻结,也容易蒸发。四氧化二氮的烟雾呈红褐色,有剧毒。

4. 过氧化氢

火箭发动机中使用的过氧化氢是质量分数为70% ~ 100% 的高浓度过氧化氢,其余主要是水。由于在过氧化氢分子中含有大量的活性氧,所以过氧化氢可成为可燃物质的氧化剂。此外,过氧化氢分解时会产生热能,因此,过氧化氢既可成为双组元推进剂中的氧化剂,例如过氧化氢与肼接触能自燃,与煤油能很好地燃烧,其本身又可成为一种单组元推进剂。

当过氧化氢作为单组元推进剂时,其按以下化学反应式分解,生成过热蒸气和气态氧,即

$$H_2O_2 \rightarrow H_2O + \frac{1}{2}O_2 + 热量$$

分解是在催化剂作用下发生的,催化剂有各种液体高锰酸盐、固体二氧化锰、铂和氧化铁。在液体火箭发动机中,过氧化氢主要用作单组元推进剂。质

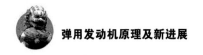

量分数为90%的过氧化氢用作单组元推进剂时理论比冲为147 s。

4.1.4 液体燃烧剂

1. 液氢（liquid hydrogen）

液氢作为发动机的燃料,有很多优点,首先它是化学推进剂中能量最高的燃料。氢和氧燃烧获得的比冲比烃类燃料与液氧燃烧的比冲高45%左右。液氢作为推进剂的另一个突出优点是它和氧的燃烧产物只有水蒸气,排放到大气中没有任何公害,因此,发展氢动力对防止环境污染更具有特别重要的意义。液氢具有良好的冷却性能,是很好的火箭发动机推力室的再生冷却剂。

液氢也有一些缺点,它的沸点很低,约为20 K,因此在使用时对盛放液氢的容器需很好地绝热。泡沫塑料具有很低的导热系数及良好的结构特性,是良好的绝热材料。不锈钢、镍铬合金、高镍钢、低碳钢等都可作为液氢的容器。此外,液氢的相对分子质量小、黏度小、容易泄漏。液氢的密度很小,只有$0.07 \ g/cm^3$。

2. 碳氢燃烧剂（hydrocarbon fuel）

石油衍生物包括大量不同类型的碳氢化合物,其中大部分可作为火箭的燃烧剂。有一种特殊精炼的石油产品,十分适合作为火箭燃烧剂,已定名为RP－1。它基本上是煤油类（密度和蒸汽压变化范围窄）的饱和和不饱和碳氢化合物的混合物。RP－1的冰点为225 K,沸点为460～540 K。在温度为289 K时密度为$0.8 \sim 0.815 \ g/cm^3$。

3. 肼（hydrazine）

肼作为火箭燃烧剂的优点是密度大（$1.008\ 5 \ g/cm^3$）、沸点高（386.4 K）。肼易溶解于水、乙醇或其他极性有机化合物。肼与硝酸或四氧化二氮接触能引起燃烧;肼蒸气与空气混合能爆炸。肼具有强还原性,为弱碱。

肼的冰点高（274.4 K）,使得其不便于使用,尤其是在冬季。在寒冷季节贮存和给火箭装填时,应该将肼加热。肼的抗冲击性差,遇到冲击时,容易爆炸分解。此外,肼有毒,在空气中氧的作用下易氧化,有吸湿性。

当肼在适当的固体或液体催化剂作用下分解时,就是一种良好的单组元推进剂;但催化剂通常需要被预热,以便迅速起作用。肼作为单组元推进剂可用于气体发生器、空间飞行器姿态控制发动机和轨道控制发动机中。

肼能与很多材料发生反应,因此必须谨慎处置,避免与能令其分解的材料相接触,其相容材料包括:不锈钢、镍、铝系列材料的3003和1100、铁、铜及其合金(如黄铜或青铜)、蒙乃尔合金、镁及锌。

4. 偏二甲肼(unsymmetrical dimethyl hydrazine, UDMH)

偏二甲肼是肼的衍生物,它的冰点低(215.8 K)、沸点高(336.1 K),因此可保证在极大的温度范围内处于液态,便于使用。当偏二甲肼与氧化剂燃烧时,它的比冲数值比纯肼只稍低一点。偏二甲肼极强的化学活性使它成为一种极好的燃烧剂组元。偏二甲肼与液氧形成非自燃推进剂,与硝酸形成自燃推进剂。

偏二甲肼可以与肼混合使用。50% UDMH 和 50% 肼的混合物称为混肼50。美国"大力神 Ⅱ"导弹使用的就是这种燃料。

5. 一甲基肼(monomethyl hydrazine, MMH)

一甲基肼是可贮存的液体推进剂,冰点低(220.5 K)。与肼相比,它对冲击波具有较好的耐冲击特性、较好的传热特性和较宽的液体温度范围。与肼相容的材料也和甲基肼相容。一甲基肼的能量介于肼与偏二甲肼之间。所有肼类都是有毒的,当吸入人体时,一甲基肼的毒性最大,偏二甲肼的毒性最小。一甲基肼作为燃烧剂广泛地用在航天器火箭发动机上,特别适用于小型姿态控制发动机中,通常用四氧化二氮作为一甲基肼的氧化剂。

4.1.5　液体推进剂发展趋势

开发无毒、无污染、高能、低成本的液体推进剂一直是液体推进剂的发展目标。就液体推进剂的无毒、无污染化方面,近年来致力于新型绿色双组元推进剂的开发,其中有代表性的有过氧化氢／醇类双组元推进剂和过氧化氢／叠氮胺类双组元推进剂。过氧化氢／醇类双组元推进剂的研究以美国海军空战中心为代表,目标是用于海军导弹防御系统,发动机试验结果表明,高浓度过氧化氢／醇类双组元推进剂比冲是常规推进剂的93%,密度比冲是常规推进剂的102%[14]。叠氮胺类化合物以其优良的比冲性能、自燃性能和低毒特性成为一种备受瞩目的液体推进剂燃料组分。研究表明,过氧化氢／叠氮胺类双组分推进剂的比冲与过氧化氢／甲基肼相当,但密度比冲高,且叠氮胺类有机化合物低毒,可与过氧化氢自燃,因而这种双组元推进剂具有诱人的应用前景。美国已成功地进行了过氧化氢／叠氮胺推进剂火箭发动机实验,并准备将此类推进剂用于空空导弹和导弹助推器上[15]。

未来高能液体推进剂的发展有 4 个方向,分别是金属化凝胶推进剂、高密度吸收型碳氢推进剂、纳米材料液体推进剂和添加含能材料的液体推进剂。

金属化凝胶推进剂是通过在液体推进剂中加入超细金属或添加胶化剂，从而实现安全稳定的凝胶推进剂体系。它具有高密度、高燃烧能量、高安全性、长期储存性、可调节推力、可多次启动、所用发动机结构简单、能实现能量管理（或灵活能量控制）等优点，同时由于其可贮存、不泄漏、易于使用维护，特别适用于导弹武器，有望在军事、航天领域得到广泛应用。

高密度吸热型碳氢燃料一般多指密度大于 0.70 g/cm³，在进入燃烧室之前发生化学反应裂解为小分子烯烃时吸收热量，并且在燃烧室中能将所裂解的小分子烯烃完全转化为发动机推力而没有任何能量损失的一种燃料。与传统燃料相比，使用高密度吸热型碳氢燃料可以减小飞行器体积，增加有效载荷的质量，这种新型燃料可作为冲压发动机的燃料用于未来高超声速巡航导弹。

纳米材料液体推进剂是指在液体推进剂中加入尺寸在 1 ~ 100 nm 范围内的金属或非金属颗粒，由于纳米材料的超细物性，能在液体中均匀的分散，形成相对均匀的混合体。纳米材料液体推进剂不仅可提高推进剂的密度和可贮存性能，而且还大大提高了推进剂的燃烧热和燃烧效率，从而显著提高推进剂的比冲。美国纳米材料液体推进剂预计将应用于"灵巧技术弹""拦截弹"以及运载火箭上面级等。

添加含能材料的液体推进剂是指在液体推进剂中添加一种或几种具有较高能量的材料（如硝基烷类和硝酸酯类材料）而形成的一种新型推进剂。它可用于导弹武器系统和运载火箭的上面级动力装置中。

上述 4 种高能液体推进剂的研究状况及未来应用前景等问题，在文献[16] 给予了详细的介绍。

4.2　固体推进剂

固体推进剂（solid propellant）分为两大类：一是**均质推进剂**（homogeneous propellant），二是**异质推进剂**（heterogeneous propellant）。

均质推进剂从微观结构上看比较均匀，在同一分子内既包含燃烧剂又包含氧化剂。通常将均质推进剂中的主要组成物质称为推进剂的基。现代使用的均质推进剂常指双基推进剂。

异质推进剂从微观结构上看是不均匀的，由固体颗粒氧化剂、金属粉末和胶体状态的黏合剂组成。这类推进剂有复合推进剂和改性双基推进剂。

4.2.1　双基推进剂

双基推进剂(double-base propellant)是一种均质推进剂,通常由固体硝化纤维素吸收液体硝化甘油,再加上少量的添加剂组成。表 4.4 列出了一些双基推进剂的组成。

表 4.4　一些双基推进剂的组成(质量分数) %

名　　称	双铅 - 2	双石 - 2	双芳镁 - 2	双钴 - 1
硝化纤维素	59.5	55.0	57.0	56.0
硝化甘油	25	29.3	24.0	27.0
二硝基甲苯	8.8	10.0	13	8.3
二号中定剂	3.0	3.0	—	2.5
凡士林	1.2	1.3	1.2	1.0
氧化铅	1.2	—	—	—
碳酸钙	1.3	—	—	—
苯二甲酸铅	—	0.9	—	—
石墨	—	0.5	—	—
苯二甲酸二丁酯	—	—	2.8	—
氧化镁	—	—	2	—
碳酸铅	—	—	—	3.5
二氧化钛	—	—	—	1.2
二氧化二钴	—	—	—	0.5

硝化纤维素是棉纤维或木纤维大分子与硝酸反应的生成物,其化学式一般为 $[C_6H_7O_2(OH)_{3-x}(ONO_2)_x]_n$,其中 $x = 1,2,3,\cdots$ 是在不同的硝化条件下纤维素获得硝基(ONO_2)的个数。硝化纤维素中氮含量的高低对硝化纤维素的能量和吸收性均有影响。根据含氮量的多少硝化纤维素可分成一号强棉(氮的质量分数为 13.0% ~ 14.0%)、二号强棉(氮的质量分数为 12.05% ~ 12.41%)、爆胶棉(氮的质量分数为 12.5% ~ 12.7%)和弱棉(氮的质量分数为 11.5% ~ 12.1%)4 种。通常硝化甘油能很好地溶于弱棉,故双基推进剂

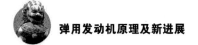

中一般使用氮的质量分数在11.8% ~12.1% 的弱棉。硝化纤维素在双基推进剂中起着主要能源和保证机械强度的作用。

硝化甘油是甘油与硝酸作用的产物,其化学式为 $C_3H_5(ONO_2)_3$。当温度大于某临界温度时,硝化纤维素和硝化甘油可以任意比例互溶;如温度低于临界温度时,只有在两者比例合适时才可以得到硝化甘油溶于硝化纤维素的固态物质,否则会出现两相,即一相是硝化甘油溶于硝化纤维素中,另一相是硝化纤维素溶于硝化甘油中;在更低的温度下则会成为互不溶体。硝化甘油析出的现象称为"汗析"。实践证明采用质量分数为20% ~30% 的硝化甘油所制得的双基推进剂能够在较宽的温度范围内不出现"汗析"。

硝化甘油在双基推进剂中是硝化纤维素的主要溶剂和主要能源。硝化甘油充填于硝化纤维素的大分子之间,削弱了大分子之间的作用力,增加了硝化纤维的柔韧性和可塑性,便于加工成形,并使推进剂具有一定的力学性能。

为了提高双基推进剂的安定性,双基推进剂中常添加安定剂(如二号中定剂)。安定剂在药柱贮存期间能够减缓推进剂中发生的分解反应,防止老化,有安定剂的推进剂贮存期可达15 ~20 年。为了提高推进剂的力学性能和生产药柱中硝化纤维素的热塑性,改善加工工艺性能,可在推进剂的组成中加入增塑剂(如二硝基甲苯、凡士林)。增塑剂增加了药柱的弹性,减少了对爆轰的敏感性。为了调节推进剂的燃速,推进剂中添加有燃速催化剂。实际使用最多的燃速催化剂是铅化合物,如氧化铅、苯二甲酸铅。但由于铅化物的毒性问题,近年来国内外先后开展了非铅催化剂的研究,未来有可能取代铅化物作为双基推进剂的燃速催化剂。燃速催化剂不但能增大推进剂的燃速,还能使推进剂在低压下稳定燃烧和提高燃烧效率。有些双基推进剂的组成中还包括炭黑和石墨粉,这些物质能够使推进剂表面层吸收火焰辐射的能量,以防止药柱深层受热。

双基推进剂的燃烧产物无烟,比冲在190 ~ 220 s 范围内,能量水平低。早期的双基推进剂的燃速在6.86 MPa 压强下一般为8 ~ 12 mm/s,且可调的幅度不大;高、低温力学性能较差,燃速的压强指数高,一般在0.45 ~ 0.65 范围内。近年来双基推进剂得到了较大的发展,目前双基推进剂的燃速范围为5 ~ 40 mm/s(6.86 MPa),许多双基推进剂的压强指数在0.4 以下,压强指数接近于零的平台推进剂也得到了成功应用。表4.5 列出了一些双基推进剂的性能。

双基推进剂通常采用挤压法制造药柱,适合批量生产和连续生产,也有少数双基药柱采用浇注成形。双基推进剂广泛应用在小型战术导弹的主发动机上,某些战术导弹的助推器也使用双基推进剂。

表4.5　一些双基推进剂的性能

名　称	双铅－2	双石－2	双芳镁－2	双钴－1
密度 /(g·cm⁻³)	1.61	1.589	1.57	1.66
比冲/s	199 (8.7 MPa,20 ℃)	200 (10.5 MPa,20 ℃)	199 (9.7 MPa,20 ℃)	200 (6.4 MPa,20 ℃)
燃速/ (mm·s⁻¹)	4.9 ~ 10.8 (20 ℃,3 ~ 10 MPa)	6.0 ~ 9.4 (20 ℃,4 ~ 10MPa)	7.6 ~ 11.4 (20 ℃,5 ~ 11 MPa)	
燃速温度系数/ (%·℃⁻¹)	0.313	0.25(7 MPa)	0.178(7 MPa)	0.058(7 MPa)

4.2.2　复合推进剂

复合推进剂(composite propellant)由晶体氧化剂、黏合剂和金属燃烧剂组成,黏合剂将晶体氧化剂和金属燃烧剂紧紧黏合在一起,并具有适当的力学性能。

氧化剂是复合推进剂中含量最多的组分,质量分数一般占60% ~ 80%,对发动机的比冲、推进剂燃速及工艺性能等有极大的影响,为此,作为氧化剂应满足如下要求:① 在物理－化学性能方面必须和黏合剂相容;② 有效含氧量高;③ 生成焓高;④ 密度大;⑤ 气体生成量大,且燃烧产物中尽可能不含有固体颗粒和强腐蚀性气体;⑥ 价廉。

可以作为氧化剂的有过氯酸铵(AP)、过氯酸钾(AK)、硝酸铵(AN)、奥克托金(HMX)和黑索金(RDX)。过氯酸铵是目前应用得最广的氧化剂,它满足人们对氧化剂的大部分要求。用过氯酸钾做氧化剂的复合推进剂,其燃速高、压力指数高。硝酸铵作为无烟推进剂的氧化剂也得到了应用,其属于中等能量水平、低燃速、低压力指数、中等燃烧温度,而且价廉,多用于燃气发生器的装药。奥克托金和黑索金是硝胺氧化剂的实例。以奥克托金为基的推进剂的比冲高于以过氯酸铵为基的氧化剂,而燃烧温度前者低于后者。含有奥克托金的复合推进剂的燃烧产物中不含有盐酸和碳颗粒,不产生烟迹。在推进剂中增加奥克托金的含量和减小它的颗粒尺寸时,将使推进剂的力学性能变坏。表4.6给出了上述几种氧化剂的性能数据。

表 4.6　几种氧化剂的性能数据

名称	分子式	相对分子质量	密度/$(g \cdot cm^{-3})$	有效含氧量/%	生成焓(25 ℃)/$(kJ \cdot mol^{-1})$
过氯酸铵(AP)	NH_4ClO_4	117.5	1.95	34.04	− 295.9
过氯酸钾(AK)	$KClO_4$	138.55	2.53	46.19	− 433.3
硝酸铵(AN)	NH_4NO_3	80.1	1.725	20	− 365.1
奥克托金(HMX)	$(CH_2NNO_2)_4$	296.17	1.903	− 21.6	+ 74.9
黑索金(RDX)	$(CH_2NNO_2)_3$	222.13	1.82	− 21.6	+ 70.7

　　推进剂加入金属燃烧剂是为了提高推进剂的燃烧温度,从而提高推进剂的特征速度和发动机比冲。同时也是为了抑制一定频率范围的不稳定燃烧和提高推进剂的密度。为此对金属燃烧剂的要求有:① 燃烧热高;② 密度大;③ 相容性好;④ 耗氧量低。可用的金属燃烧剂有:铝、铍、硼、镁,表4.7 给出了金属燃烧剂的性能数据。

表 4.7　金属燃烧剂的性能数据

名称	符号	相对原子质量	密度/$(g \cdot cm^{-3})$	燃烧热/$(kJ \cdot kg^{-1})$	耗氧量/$(g \cdot g^{-1})$
铝	Al	26.98	2.7	30 480	0.88
镁	Mg	24.30	1.74	25 205	0.66
硼	B	10.81	2.34	58 280	2.22
铍	Be	9.01	1.85	64 058	1.77

　　铝粉的燃烧热虽然较低,但其耗氧量低,密度大,这使得固体推进剂中可以有较高的铝粉含量,通常是推进剂质量的14% ～18%,对提高比冲的作用非常显著,且铝粉原材料丰富、成本较低,这些特点使得铝粉成为最常用的金属燃烧剂。目前铝粉在复合推进剂中应用的发展方向是纳米化,纳米铝具有较高的燃烧效率,可有效提高推进剂的燃速,缩短点火时间,降低点火温度[17]。铍因热值高,耗氧量较小,燃烧产物相对分子质量低而被应用于推进剂中,但铍稀少价贵,而且自身及其燃烧产物有剧毒,只可用于高空工作的发动机。硼的燃烧热也很高,并且密度较大,它的来源较广泛,毒性小,是有希望得到应用的高能燃烧剂,但由于它在燃烧过程中生成沸点很高的 B_2O_3 液体薄

膜,不能很快挥发,使包在内部的硼不能完全燃烧,导致实际上加硼粉的推进剂具有的能量还不如加铝粉的高。近年来针对硼的研究主要集中在改进和提高其燃烧性能和表面改性等方面[18]。镁粉的耗氧量小,与氧化剂混合所放出的热量高于铝粉,但它的密度小,在推进剂的实际应用中,提高能量的效果不如铝粉好。

黏合剂通常是一种或几种类型的聚合物,在固体推进剂中黏合剂不仅为固体颗粒的黏结提供基体,而且也是燃烧剂。对黏合剂的要求有:① 具有较好的化学稳定性;② 生成焓较高;③ 黏度和玻璃化温度较低;④ 与推进剂其他组分要有良好的相容性;⑤ 毒性小,使用安全。常用的黏合剂有:聚硫橡胶(PS)、聚氨酯(PU)、聚氯乙烯(PVC)、聚丁二烯(PB)和聚醚(PEG),其中聚丁二烯黏合剂又分为聚丁二烯丙烯酸(PBAA)黏合剂、聚丁二烯丙烯腈(PBAN)黏合剂、端羧基聚丁二烯黏合剂(CTPB)和端羟基聚丁二烯(HTPB)黏合剂。对复合推进剂习惯于按黏合剂种类进行分类,因此具有代表性的复合推进剂有:聚硫橡胶推进剂、聚氨酯推进剂、聚氯乙烯推进剂、聚丁二烯推进剂和聚醚推进剂。

1. 聚硫橡胶推进剂

聚硫橡胶推进剂是以液体聚硫橡胶为黏合剂,以高氯酸铵为氧化剂,外加铝粉等组成的复合推进剂,其能量较低,实测比冲为 220 ~ 230 s。聚硫橡胶推进剂具有良好的力学性能与黏结性能,密度较大(约为 1.75 g/cm³),制造工艺比较简单,加工性能良好,工艺比较成熟。这种推进剂除能量较低外,固化温度和玻璃化温度都比较高,低温性能较差。自 20 世纪 50 年代开始,该推进剂在中小型导弹上得到了广泛的应用,如美国"猎鹰"空 – 空导弹、AIM – 26A 导弹的主发动机都是采用聚硫橡胶推进剂。

2. 聚氨酯推进剂

聚氨酯推进剂是 20 世纪 50 年代中期继聚硫橡胶推进剂之后,为了满足战略导弹和宇宙航行等使用大型固体发动机装药的需要而发展起来的。聚氨酯推进剂具有能量较高、力学性能好、抗老化性强、固化温度低、收缩小和成本低等优点;其主要缺点有对湿气很敏感,低温变脆,但目前这些缺点已在很大程度上被克服,并正在继续研究解决。聚氨酯推进剂已用于美国"北极星 A3"潜地导弹的第一级,"萨布罗克"反潜导弹第一级。

3. 聚氯乙烯推进剂

聚氯乙烯推进剂是由细颗粒的聚氯乙烯同相当质量的增塑剂形成的塑溶

胶做黏合剂,高氯酸铵做氧化剂、铝粉做燃料组成的一种复合推进剂。聚氯乙烯推进剂高温力学性能比较好,25 ℃ 时抗拉强度为 54 kg/cm²,延伸率为 175%,不过,因为它的固化温度低,易引起热应力和收缩变形,一般只适用于小尺寸发动机的装药。目前国外在大型导弹和运载火箭的控制发动机中广泛应用聚氯乙烯推进剂。

4. 聚丁二烯推进剂

聚丁二烯推进剂经历了 PBAA、PBAN、CTPB、HTPB 几个发展阶段,目前 PBAA 已经被淘汰。从能量性能看,CTPB 推进剂和 HTPB 推进剂的理论比冲接近,均可达到265 s,PBAN 推进剂的能量稍低于 CTPB 和 HTPB 推进剂;从力学性能看,PBAN 推进剂的低温力学性能较差,CTPB 推进剂的力学性能已明显优于 PBAN 推进剂。CTPB 推进剂的主要缺点是抗老化性能不够好,贮存寿命较短。HTPB 推进剂由于其具有固体含量大(90% 以上)、密度大、燃速调节范围宽、高低温力学性能好、能量较高、与硝酸铵、黑索金和奥克托金的相容性较好、原材料价廉丰富、装药工艺和质量控制已有较成熟的经验、老化性能优良、价格相对低等优点,已成为使用最广泛的一种复合推进剂,并有逐步取代CTPB 的趋势。表4.8 给出了聚丁二烯复合推进剂在导弹上的应用。

表4.8　聚丁二烯复合推进剂在导弹上的应用

推进剂类型	应　　　用
PBAA	美国"民兵 1A,1B"地对地洲际弹道导弹的第一级发动机、美国"潘兴 1,1A"地对地战术导弹的第一、第二级发动机
PBAN	美国"民兵 2""民兵 3"地对地洲际弹道导弹的第一级发动机
CTPB	美国"民兵 2""民兵 3"地对地洲际弹道导弹的第二级发动机、"民兵 3"导弹的第三级发动机
HTPB	美国"和平卫士 MX"地对地弹道导弹的第一、第二级发动机、美国"潘兴 2"地对地战术导弹的第一、第二级发动机、美国"爱国者"地对空导弹发动机

5. 聚醚推进剂

聚醚推进剂主要是指硝酸酯增塑的聚醚推进剂(nitrate ester plasticized polyether,NEPE),它由高氯酸铵、奥克托金氧化剂、铝粉、PEG(聚乙二醇)或 PET(环氧乙烷四氢呋喃共聚醚)黏合剂以及硝酸酯类含能增塑剂组成,理论比冲在270 ~ 275 s 之间,是目前公开报道的能量最高的一种推进剂,且力学性能好,工艺、安全、贮存等性能优良。NEPE 推进剂已用于战术导弹和战略导弹的动力装置中,如美国"和平卫士 MX"战略导弹的第三级发动机、"三叉戟 2"战略导弹、"侏儒"战略导弹的全部三级发动机都使用这种推进剂。

复合推进剂的特点是能量高,理论比冲可达 220 ~ 275 s,力学性能好,燃烧速度的可调范围宽,表 4.9 列出了几种复合推进剂的配方和性能[19]。

表 4.9　几种复合推进剂的配方和功能[19]

组成和性能	PS 推进剂	PVC 推进剂	CTPB 推进剂	HTPB 推进剂	NEPE 推进剂
高氯酸铵/%	78	58.9	70	69.5	15
铝粉/%	2	21.1	16	18.5	17
奥克托金/%	—	—	—	—	42
黏合剂/%	15	8.62		8	7
增塑剂/%	—	10.79	14	3.2 ~ 3.4	18
其他/%	5	0.59		0.6 ~ 0.8	1
密度/$(g \cdot cm^{-3})$	1.74	1.74	1.76	1.8	1.82
理论比冲/s	237.4	258.7	263.7	264	270

4.2.3　改性双基推进剂

双基推进剂的最大缺点是能量低,且用挤压工艺难以制造大型药柱。因此,发展了浇注双基推进剂工艺,并在其中又加入了过氯酸铵和金属粉末,有的还加入了奥克托金(HMX)、黑索金(RDX)、吉纳等,这样制成的推进剂称为**改性双基**(modified double-base,MDB)推进剂。目前已研制成功了 4 类改性双基推进剂,包括复合改性双基推进剂、硝胺改性双基推进剂、复合双基推进剂和交联改性双基推进剂。

复合改性双基(composite modified double-base,CMDB)推进剂的主要成分有硝化纤维素(NC)、硝化甘油(NG)、过氯酸铵(AP)和铝粉。这类推进剂以双基为黏合剂,密度大,本身又富氧,因此其比冲和密度都比复合推进剂高。现在我国各种导弹中使用的复合改性双基推进剂的比冲为 260 ~ 270 s,密度在 1.75 ~ 1.85 g/cm³ 之间。CMDB 推进剂的燃速一般较双基和复合推进剂的高,在 20 ℃,6.86 MPa 的压强下,燃速范围为 10 ~ 30 mm/s。CMDB 推进剂的力学性能基本上与双基推进剂相同,寿命比双基推进剂低。CMDB 推进剂适用于能量要求高,工作温度在 − 10 ℃ 以上的战略和战术导弹。美国"民兵1"地对地弹道导弹的第三级发动机、"北极星A2""北极星A3"潜地导弹的第二级发动机、"海神C3"潜地导弹的第二级发动机都采用复合改性双基推进剂。

硝胺改性双基(modified nitramine double-base)推进剂是以双基推进剂为黏结剂,并在其中加入高能硝胺炸药 HMX 或 RDX 及少量铝粉而形成一种推进剂。 这种推进剂的能量和一般复合推进剂相似,密度在 1.66 ∼ 1.78 g/cm³ 之间,燃烧温度低于复合推进剂,燃气的相对分子质量低。硝胺改性双基推进剂的燃速较高,在使用压强范围内,燃速可调范围为 8 ∼ 27 mm/s。含有 HMX 的硝胺改性双基推进剂在常温下有很好的力学性能,但低温下的延伸率较低,高温的抗拉强度不高。硝胺改性双基推进剂无烟,燃气不含 HCl,腐蚀性小,这对延长发射设备的使用寿命及改善射手的工作条件都是很有利的。特别适合于用激光、微波制导、对羽烟有严格要求的地 − 空导弹、反坦克导弹等小型战术导弹的发动机装药。

复合改性双基推进剂和硝胺改性双基推进剂都存在高、低温力学性能较差的缺点,这也是以双基推进剂为黏合剂的推进剂共有的缺点。**复合双基**(composite double-base, CDB)推进剂是在硝胺改性双基推进剂中添加高分子黏合剂,并使高分子黏合剂与双基推进剂中的一部分硝化纤维相交联而形成的一种推进剂。因此它既保留了硝胺改性双基推进剂的优点,又改善了它的力学性能。这类推进剂在国外已用于导弹上,如法国"飞鱼"导弹就使用了这种推进剂。

交联改性双基(crosslinked modified double-base, XLDB)推进剂是在复合改性双基推进剂组分内引入带活性基团的高分子黏合剂或多官能度的交联剂,使大分子主链间生成网络结构,由此形成的一类力学性能优越的推进剂。

这种推进剂的基本组成是固体组分(包括过氯酸铵、HMX、铝粉等)占 70% ∼ 77%,黏合剂占 23% ∼ 30%。燃速范围为 8 ∼ 30 mm/s,地面比冲为 256 s,密度为 1.87 g/cm³。由于 XLDB 的性能优良,适用于大型战略导弹,美国装备部队的"三叉戟1"导弹的三级全部采用了 XLDB 推进剂。

4.2.4　高能固体推进剂及其新进展

追求高能量始终是固体推进剂研究的主要方向之一。固体推进剂能量的提高依赖于黏合剂、氧化剂以及燃料等新材料的发展。继具有正生成热,高密度的含能黏合剂叠氮甘油聚醚（GAP）问世不久，1983 年美国就开始开发用于弹道导弹的 GAP 推进剂，研究主要集中于 GAP 黏合剂与硝酸铵（AN）、硝铵（RXD 或 HMX）、三氨基胍硝酸盐（TAGN）等氧化剂搭配，制成少烟推进剂，其所研制的 GAP 推进剂理论比冲可达 256 s。

20 世纪 90 年代以后，又相继产生了一系列高能材料，如含能黏合剂聚缩水甘油硝酸酯（PGN）、聚硝基甲基氧杂环丁烷（PLN）等；新型氧化剂六硝基氮杂环异伍兹烷（CL - 20）、硝仿肼（HNF）、二硝酰胺铵（AND）等[20]；含能增塑剂丁三醇三硝酸酯（BTTN）、叠氮增塑剂、叠氮硝胺增塑剂等。基于这些新材料，国外近二十年来广泛地开展了先进的高能固体推进剂配方探索研究，主要集中在含能黏合剂／新型氧化剂／Al 体系，表 4.10 列出了国外已开展研究的先进高能固体推进剂的基本组成及理论比冲。

表 4.10　国外开展研究的高能固体推进剂的组成及理论比冲[21]

黏合剂	含能增塑剂	氧化剂	含能添加剂	金属燃料	理论比冲/s
HTPB	—	ADN	—	Al	274
PEG	NG	—	HMX	Al	274
GAP	—	HNF	—	Al	338.8
GAP	—	CL - 20	—	Al	273
PEG	BTTN	ADN	—	Al	277
PEG	BTTN	ADN	—	AlH_3	291

未来为进一步提高固体推进剂的能量，可研究应用的新型高能物质有笼形富氮张力环化合物；富氢化合物；氟氮或氟氨化合物；采用这些物质的高能推进剂其能量水平相比于 NEPE 推进剂可提高 10% 以上[21]。

固体推进剂的发展趋势是在高能、高可靠性的基础上进一步降低成本，减少对环境的污染，开发和研制低特征信号推进剂、钝感推进剂。

就研制低特征信号推进剂来说，国外首先从双基推进剂入手，随着对能量等综合性能的进一步要求，又着手研制复合少烟、改性双基微烟和 NEPE 型微烟等低特征信号推进剂[22]。降低特征信号的途径大致有 3 种：① 改变推进剂内金属粉末和金属化合物含量；② 采用高氮含量化合物作推进剂氧化剂组分；③ 抑制推进剂中氧化剂二次燃烧。最近的研究表明，用高能量密度材料 ADN、CL - 20、HNF 等，可达到高能、低信号特征、钝感的目标[22]。

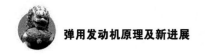

4.3 液体推进剂的燃烧

液体推进剂的燃烧过程是指从向燃烧室内喷入推进剂组元时开始,到完全转化为最终燃烧产物时为止的复杂的转化过程,概括起来主要包括以下4个过程。

1.喷射和雾化过程

喷射和雾化过程是指喷嘴喷射推进剂组元及喷出的组元射流或液膜在各种内力和外力的作用下破碎成不同尺寸的液滴的过程。雾化中起作用的内力包括惯性力、摩擦力和表面张力;外力包括气动阻力、液流与液流之间的撞击力以及液流与溅板之间的撞击力。

2.蒸发过程

蒸发过程是指由于燃烧区的热量,使组元的液滴群被加热和蒸发成气相的过程。液滴蒸发的第一步是给液滴以一定的热量,这份热量主要消耗在液滴蒸发前的加温和蒸发时的汽化潜热上。蒸发过程所需要的热量主要来源于高温燃烧产物的辐射换热和燃气向喷注器面回流带回喷雾蒸发区的热量。

3.扩散混合过程

扩散混合是燃烧的重要过程之一,对于自燃推进剂尤其如此。扩散混合过程基本上由两步组成,首先是由混气形成元件造成的初始混合,其次是由紊流气相扩散造成的气相混合。

4.燃烧反应过程

燃烧反应过程主要是气相与气相发生反应,形成燃烧产物的过程。反应的主要条件是温度,对推进剂组元加温的方法有辐射、对流和局部的液相放热反应。

燃烧过程是一个复杂的物理 – 化学过程。值得注意的是上述过程并不是严格按顺序进行的,而是同时进行和前后进行,并且是相互联系、相互影响的,如图4.1所示。

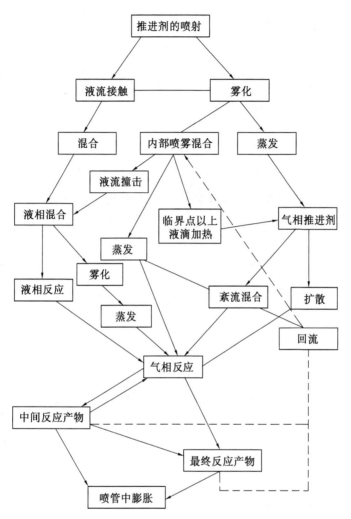

图 4.1　燃烧室内发生的主要过程及相互关系

4.4　固体推进剂的燃烧

4.4.1　双基推进剂的燃烧机理

　　双基推进剂的燃烧是氧化剂和燃烧剂预先混合均匀的预混燃烧,燃烧在整个燃面上均匀进行,可以看作一维(与燃面垂直的方向上)的燃烧过程。如

图4.2所示,燃烧区可分为固相预热区、表面层反应区、气相中的嘶嘶区、暗区和发光火焰区。

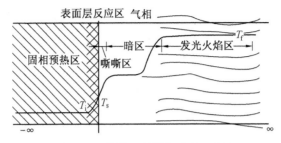

图4.2　双基推进剂燃烧过程示意图

(1)固相预热区。该区域是指从燃烧表面向下到足够深的距离处,其特点是无化学反应,固相受热升温,推进剂变软,低熔点组分熔融。

(2)表面层反应。该区为燃面处非常薄的表层(1～3 μm),是推进剂分解区和分解产物之间的反应区,总的热效应为放热,其热量占总燃烧热的10%左右。

(3)嘶嘶区。固相分解产物进入气相,在燃面附近反应十分剧烈,甚至嘶嘶发声,因此该区域称为嘶嘶区,该区放热量较大,占总放热量的40%左右。

(4)暗区。嘶嘶区结束时,生成了大量的NO,NO的进一步还原,只有在较高的温度和压强下才能进行。因此,嘶嘶区结束后,需要有一个积聚能量的准备阶段,这就是暗区。暗区中的反应速度较慢,温度仅为1 100～1 500 ℃,还达不到发光的程度。

(5)发光火焰。经过暗区的准备过程,积累了足够的能量,NO的进一步还原反应就十分迅速。这些反应放出大量热量,约占总热量的50%,温度升高到2 500 ℃以上,这就形成发光火焰区。

4.4.2　复合推进剂的燃烧机理

与均质的双基推进剂燃烧不同,复合固体推进剂的燃烧表面呈现非均匀特征,即氧化剂上方构成氧化剂单元推进剂火焰,而黏合剂的分解产物在氧化剂单元推进剂火焰周围经过扩散、混合进行剧烈的燃烧反应。复合推进剂的种类繁多,它们的组分差异也很大,因此复合推进剂的燃烧过程比双基推进剂要复杂得多。国外学者提出了多种复合推进剂稳态燃烧模型[23],如粒状扩散火焰(GDF)模型、非均相反应(HR)模型、BDP多火焰模型、小粒子集合(PEM)模型,下面将概略地介绍具有代表性的3种模型。

1. 粒状扩散火焰模型

粒状扩散火焰（GDF）模型是在 20 世纪 50 年代末期由美国学者 Summerfield M 等人根据对 AP 复合推进剂燃烧机理的研究提出来的，它属于气相反应模型，其物理模型如图 4.3 所示。该模型将过氯酸铵复合推进剂的稳态燃烧过程分为 3 个阶段：首先，推进剂表面受热升温，氧化剂和黏合剂靠热分解或升华直接由固相转化成气体。它们在燃烧表面并不预先混合，而是各自以一种"气囊"的方式从燃烧表面逸出。接着，过氯酸铵的分解产物在推进剂燃烧表面附近的气相中发生放热反应，形成过氯酸铵火焰（即预混火焰）。最后，在远离燃烧表面的气相中，进行着过氧酸铵分解气体和黏合剂热解气体之间的扩散燃烧，形成扩散火焰，生成最终燃烧产物并放出大量的热量。

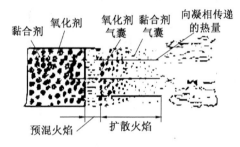

黏合剂　氧化剂　氧化剂气囊　黏合剂气囊　向凝相传递的热量

预混火焰　　扩散火焰

图 4.3　粒状扩散火焰模型

2. 多火焰模型

M WBeckstead，R L Derr 和 C F Price 等人于 1970 年对 AP 复合推进剂表面结构进行大量实验观测后提出了多火焰模型。该燃烧模型认为，在凝聚相存在 AP 和黏结剂的熔化和热分解反应，而氧化剂上方周围则由初始火焰、AP 火焰和最终扩散火焰构成，如图 4.4 所示。

初始火焰是在过氯酸铵晶粒边界附近，过氯酸铵分解产物与黏合剂热解产物之间的反应火焰。该反应发生在气相反应的初期，称之为初焰。

AP 火焰是在过氯酸铵上方，过氯酸铵分解产物 NH_3 和 $HClO_4$ 之间的反应火焰，是一种预混火焰。其反应可以认为是 NH_3 和 $HClO_4$ 生成惰性产物和富氧气体产物的反应。因 NH_3 和 $HClO_4$ 是完全混合好的，故此反应只与气相反应动力学过程及 NH_3 和 $HClO_4$ 从燃烧表面的逸出扩散过程有关。

最终扩散火焰是富氧气体产物与富燃气体产物之间的二次扩散火焰，其火焰离过氯酸铵晶粒稍远。

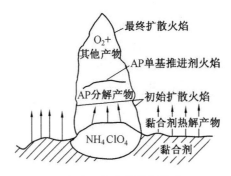

图 4.4 多火焰燃烧模型

3. 小粒子集合模型

小粒子集合模型是由 Glick R L, Condon J A 和 Osborn J R 等人提出的,可处理多种且为多分散的氧化剂构成的复合推进剂。其处理方法是:将随机分布的不同种类、不同粒度的氧化剂首先按氧化剂类型分类,然后同一类型的氧化剂按同一粒径范围分类,这样实际推进剂就变成由多个粒径在 $D_0 \sim D_0 + \mathrm{d}D_0$ 范围内,K 型氧化剂组分的单分散假想推进剂区域组成,其物理模型如图 4.5 所示。

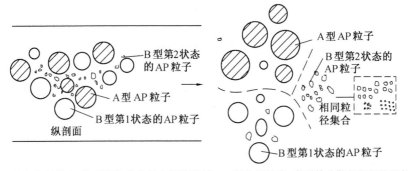

(a)氧化剂粒度、类型随机分布的实际推进剂 (b)氧化剂粒度、类型单分散的假想推进剂

图 4.5 小粒子集合模型

思 考 题

1. 简述液体推进剂的分类。

2. 对液体推进剂有哪些要求?

3. 常用的液体氧化剂有哪几种？各有何特点？

4. 常用的液体燃烧剂有哪几种？各有何特点？

5. 简述常用双组元推进剂的特点和应用。

6. 复合推进剂的主要成分是什么？有何要求？

7. 按黏合剂来分复合推进剂可以分为几类？

8. 液体推进剂的燃烧包括哪几个过程？有何特点？

9. 试述双基推进剂的燃烧机理。

10. 试述复合推进剂的粒状扩散火焰模型和多火焰燃烧模型。

第 5 章

液体火箭发动机的基本部件

推力室、涡轮泵和阀门是液体火箭发动机的基本部件。液体火箭发动机的推力室多数为冷却式推力室，推力室头部有一个特有部件——喷注器。涡轮泵由泵、涡轮、轴、轴承等组件组成，其作用是将来自贮箱的推进剂组元增压，以满足发动机系统的要求。液体火箭发动机中的阀门不仅数量大，而且品种多。本章详细讨论了推力室的冷却、喷注器的结构、原理、涡轮和泵的原理及主要特性，以及阀门的分类和液体火箭发动机常用阀门的特点。

5.1　推　力　室

推力室(thrust chamber)是将推进剂的化学能转变为机械能的装置。通常把将化学能转变为热能的部分称为**燃烧室**(combustion chamber);把将热能转变为动能的部分称为**喷管**(nozzle)。除了燃烧室和喷管外,液体火箭发动机的推力室还有一个特有的部件 —— **喷注器**(injector),它位于燃烧室的头部。图 5.1 给出了液体火箭发动机推力室的剖视图。

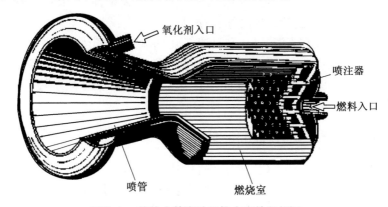

图 5.1　液体火箭发动机推力室的剖视图

从能量转换的角度来看,在推力室上存在 4 个特征截面,如图 5.2 所示,在这 4 个截面上工质分别具有如下的能量和状态特征:

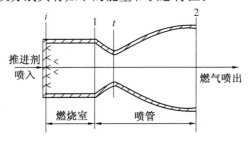

图 5.2　推力室上的特征截面

(1)截面 i。即喷注面,推进剂保持在初始状态。

(2)截面 1。即燃烧室终端面,推进剂的化学能已转化为平衡态下的热能。推进剂全部转变为气态工质(燃气),具有最高的燃气平衡温度。

(3)截面 t。即喷管的临界截面,该截面上,马赫数为 1。

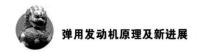

在截面 t 以前,燃气流速小于声速,在截面 t 以后变为超声速。由于是超声速喷管,推力室喷管各截面处的状态参数(燃气压力、温度、密度等)只取决于截面 1 的状态参数,而与喷管的形状及结构参数无关。

(4) 截面 2。即喷管出口截面,它是燃气流速达最大值(即排气速度)的截面。燃气在喷管出口外的能量及状态的变化对推力室不再产生影响。

对于一个有限长度的喷管,其排气速度为

$$v_2 = \sqrt{\frac{2k}{k-1} \cdot \frac{R'}{\mu} T_1 \left[1 - \left(\frac{p_2}{p_1} \right)^{\frac{k-1}{k}} \right]}$$

上式清楚地表明了推进剂热值与排气速度的关系,同时上式表明欲使化学能尽量转变为动能,应使压力比 p_2/p_1 尽量小。

由于推力室是在高温、高压和高速气流冲刷的恶劣条件下工作,故其结构必须满足高的效率(燃烧效率和喷管效率)、稳定的工作条件(可靠的点火启动、稳定燃烧)、可靠冷却措施及良好的经济性(结构简单、质量轻、工艺性好及成本低)等要求。

5.1.1 燃烧室的容积和形状

燃烧室是使推进剂雾化、蒸发、混合和燃烧的地方。为保证推进剂能够完全混合和燃烧,需要选择足够大的燃烧室容积,从而使推进剂在燃烧室中有足够的停留时间。理论上所需的燃烧室容积是推进剂质量流量、燃气的平均比容以及为有效燃烧所需停留时间的函数,即

$$V_c = \dot{m} V t \tag{5.1}$$

式中　V_c——燃烧室容积;

　　　V——燃气的平均比容;

　　　$\dot{m}$——推进剂的质量流量;

　　　t——推进剂的停留时间。

与燃烧室的容积和停留时间有关的一个常用的参数是特征长度 L^*,其定义是燃烧室容积 V_c 与喷管喉部面积 A_t 之比,即

$$L^* = \frac{V_c}{A_t} = \frac{\dot{m} V t}{A_t} \tag{5.2}$$

研究表明,特征速度 C^* 随着 L^* 的增加而增加,并趋近于一个最大值,若继续增加 L^*,C^* 的值反而会减小。在给定的一组工作状态下,例如推进剂种类、混合比、室压、喷注器结构和燃烧室的几何形状,所需的最小 L^* 值只能通过推力室的实际热试确定。通常确定一个新设计的推力室的 L^* 的方法是依

赖于过去类似推进剂和发动机的经验,表 5.1 给出了各种推进剂组合的典型的燃烧室特征长度的值。

表 5.1　各种推进剂组合的典型燃烧室特征长度[24]

推进剂组合	燃烧室特征长度 /m
硝酸 / 肼类燃料	0.76 ~ 0.89
四氧化二氮 / 肼类燃料	0.76 ~ 0.89
液氧 / 液氢(气氢喷注)	0.56 ~ 0.71
液氧 / 液氢(液氢喷注)	0.76 ~ 1.02
液氧 /RP - 1(煤油)	1.02 ~ 1.27

当喷管喉部面积和最小 L^* 值确定之后,可由式(5.2)计算燃烧室的容积。

燃烧室的几何形状基本上可分为 3 种类型:球形燃烧室、环形燃烧室和圆柱形燃烧室。20 世纪 50 年代以前的早期的液体火箭发动机多采用球形燃烧室,虽然球形燃烧室具有较好的承压能力和燃烧稳定性,以及在相同的容积下结构重量轻、受热面积小等优点,但由于其筒体结构复杂,头部喷嘴布置和加工都比较困难,后来很少采用。环形燃烧室的横截面积为环形,它是为适应所谓塞式喷管、膨胀偏流喷管的需要而发展的一种燃烧室形状,实际应用很少。目前广泛采用的是圆柱形燃烧室,这是因为这种燃烧室结构简单、容易制造、经济性好。

燃烧室的收缩比 ε_c 定义为燃烧室的横截面积 A_1 与喷管喉部面积 A_t 之比。对于圆柱形燃烧室,燃烧室的容积定义为至喷管喉部截面的容积,包括圆柱形燃烧室和喷管收敛段。忽略拐角半径的影响,对于具有圆锥形收敛段的燃烧室,其容积可由以下两式近似计算

$$V_c = A_1 L_1 + \frac{1}{3} A_1 L_2 \left(1 + \sqrt{\frac{1}{\varepsilon_c}} + \frac{1}{\varepsilon_c} \right) \tag{5.3}$$

$$V_c = A_1 L_1 \varepsilon_c + \frac{1}{3} \sqrt{\frac{A_t^3}{\pi}} \cot \theta \left(\varepsilon_c^{\frac{3}{2}} - 1 \right) \tag{5.4}$$

式中　　A_1 —— 燃烧室圆柱段的横截面积;

　　　　A_t —— 喷管喉部面积;

　　　　θ —— 收敛半角;

　　　　L_1 —— 圆柱段长度;

L_2——收敛段长度，$L_2 = \frac{1}{2}(d_1 - d_t)\cot\theta$，其中，$d_1$ 为燃烧室圆柱段直径，d_t 为喷管喉部直径。

根据收缩比 ε_c 的大小，燃烧室可分为等压燃烧室、加速燃烧室和半热力喷管3种类型。当燃烧室的收缩比 ε_c 大于4时，燃烧室出口气流速度较小，可以忽略不计，此时燃烧室内压力基本上保持定值，故称为等压燃烧室。收缩比为 $1 < \varepsilon_c \le 4$ 的燃烧室称为加速燃烧室。这种燃烧室出口气流的速度对性能的影响不再可以忽略不计。燃烧室内的燃气随热量的加入而膨胀。在燃烧室内加热这些膨胀的气体需要能量，这就必然引起附加的能量损失。这种燃烧室是目前应用最广泛的燃烧室。收缩比 $\varepsilon_c = 1$ 的燃烧室称半热力喷管，这种燃烧室的出口处燃气流的马赫数为1，即已达到所谓的热失速。表5.2针对3种燃烧室的收缩比列出了小直径燃烧室的性能损失估计值。

表 5.2   小直径燃烧室的性能损失估计值（$k = 1.2, p_1/p_2 = 1\,000$）

ε_c	喉部压力 $p_t/\%$	推力降低 /%	比冲降低 /%
∞	100	0	0
3.5	99	1.5	0.31
2.0	96	5.0	0.55
1.0	81	19.5	1.34

5.1.2   喷管的形状

锥形喷管（conical nozzle）是最古老也是最简单的喷管，制造容易，因此目前许多小发动机仍在使用。典型的锥形喷管如图5.3所示，喷管喉部段具有圆弧形面，其半径 R 为喉部半径 r_t 的 0.5 ~ 1.5 倍，α 为喷管扩张段的半角。锥形喷管长度可由下式计算：

$$L_n = \frac{r_t(\sqrt{\varepsilon} - 1) + R(\sec\alpha - 1)}{\tan\alpha} \quad (5.5)$$

由图5.3可知，喷管出口速度并不是沿轴向的，而是存在径向分量，这与理想火箭发动机所假定的发动机喷管喷出的全部燃气只具有轴向速度有差别。可见，在实际喷管中排气射流的轴向动量必然小于理想发动机喷管出口的排气动量。通常引入一个理论修正系数 ξ 对具有有限扩张角 2α 的锥形喷管的理想发动机的出口排气动量加以修正，即

$$\xi = \frac{M_a}{M_i}$$

式中　M_a——实际发动机锥形喷管出口排气动量的轴向分量；

　　　M_i——理想发动机出口排气动量。

为了求 M_a，取微元面积 dA_s，则有

$$dA_s = 2\pi y r d\theta = 2\pi r^2 \sin\theta d\theta$$

式中各几何量的定义如图 5.4 所示。

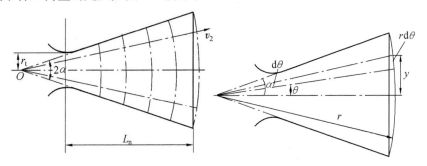

图 5.3　锥形喷管示意图　　图 5.4　公式推导中几何量的定义图

通过微元面积 dA_s 的排气射流的轴向动量为 dM_a，有

$$dM_a = d\dot{m} \cdot v_2\cos\theta = \rho v_2^2\cos\theta \cdot dA_s = \pi r^2\rho v_2^2\sin 2\theta d\theta$$

式中　ρ、v_2——分别为微元面积上排气射流的密度和速度。

$$M_a = \int dM_a = \pi r^2\rho v_2^2\int_0^\alpha \sin 2\theta d\theta = \pi r^2\rho v_2^2(1 - \cos^2\alpha)$$

理想发动机出口排气动量 M_i 为

$$M_i = \dot{m}v_2 = \rho v_2^2 A_s = \rho v_2^2\int_0^\alpha dA_s = 2\pi r^2\rho v_2^2(1 - \cos\alpha)$$

于是，有

$$\xi = \frac{M_a}{M_i} = \frac{1 + \cos\alpha}{2} \tag{5.6}$$

由式（5.6）可知，减小喷管扩张半角 α，可增加轴向动量，从而可得到较高的比冲和推力。但是，如果扩张半角 α 太小，将导致喷管太长，使喷管的质量增加，为此，有一个最佳的扩张半角。锥形喷管的最佳扩张半角为 12°～18°[17]。

钟形喷管（bell nozzle）是目前最常用的喷管形状，它在紧接喷管喉部之后有一角度为 20°～50° 的膨胀段，随后喷管型面的斜率逐渐变平，最终使喷管出口处扩张角变的很小，半角通常小于 10°，于是轴向动量损失也变的很

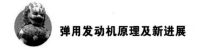
小。

钟形喷管在紧接喷管喉部之后使用大的扩张角是可以接受的,因为在这个区域内相对压力较高,压力梯度很大,工质迅速膨胀,除非喷管型面有不连续,否则不会引起气流分离。因此,在钟形喷管中工质的膨胀比在同样面积比的锥形喷管中的膨胀更有效。

为简化起见,钟形喷管的型面曲线常用抛物线和圆弧曲线表示,这样的钟形喷管分别称为抛物线母线的钟形喷管和圆弧母线的钟形喷管,如图 5.5 所示。

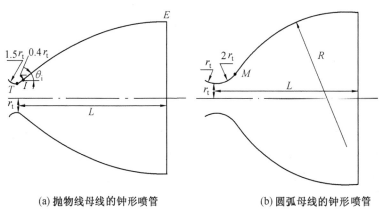

(a) 抛物线母线的钟形喷管   (b) 圆弧母线的钟形喷管

图 5.5　钟形喷管

对于抛物线母线的钟形喷管,通常喉部入口半径采用 $1.5r_t$,喉部膨胀半径采用 $0.4r_t$,抛物线在点 I 处与喉部曲线相切(θ_i),而其点 E 处的张角和长度必须根据曲线 TI 修正。于是,就可以应用简单的几何分析法或几何作图确定抛物线。对于圆弧母线的钟形喷管,通常喉部入口半径采用 $(0.7 \sim 1.0)r_t$,喉部膨胀半径采用 $(1.3 \sim 2.0)r_t$,扩散段面型的圆弧与喉部圆弧在 M 点相切。由几何关系和气动力学关系式可建立求解面型参数的非线性方程组,利用计算机求解非线性方程组,即可得到型面参数。

钟形喷管的长度通常用半角为 15° 的基准锥形喷管长度的分数来表示。80% 钟形喷管的长度(喉部截面和出口截面间的距离)比同样面积比的锥形喷管短 20%。

5.1.3　推力室的冷却

1. 推进室的冷却方法

推力室冷却的目的是防止燃烧室和喷管壁面过热,以致它们不能继续承受所施加的载荷和应力,造成燃烧室和喷管被破坏。目前常用的冷却方式基本上有稳态冷却和非稳态冷却两种。稳态冷却是指推力室内的传热速率和温度都达到了热平衡,再生冷却、排放冷却和辐射冷却属于稳态冷却。非稳态冷却是指推力室内未达到热平衡,推力室内的温度会随工作时间持续上升,热沉冷却、烧蚀冷却属于非稳态冷却。此外膜冷却和专门的绝热层是与稳态冷却和非稳态冷却配合使用的补充方法,用于增强局部冷却能力。下面叙述这些冷却方法。

(1)**再生冷却**(regenerative cooling)。

再生冷却是指一种推进剂组元在喷入燃烧室燃烧之前,首先使之流过燃烧室周围的冷却通道,通过强迫对流进行换热。所谓再生,是针对热量而言的。燃气将热量传给室壁,再由室壁传给冷却液(推进剂的一种组元),冷却液带着这部分自由热量又返回燃烧室,实现了热量的再利用。再生冷却主要用于大、中型双组元液体火箭发动机推力室。这种冷却方法的优点是对于高室压和高传热速率的场合很有效,且能量损失小,对外界环境的热影响小,其缺点是推力室冷却通道的结构复杂,增加了一部分水力损失。

(2)**排放冷却**(dump-cooling)。

排放冷却主要用于以氢作为燃料的低压推力室或者高压推力室的喷管延伸段。从主输送管路中引出一小部分液氢,使其流经冷却通道,通过强迫对流与推力室壁面进行换热,换热后的气氢不进入燃烧室参与燃烧,而是直接排出发动机外,这种冷却方式称为排放冷却。在排放冷却中排出的氢已是过热的气体,这些气体以较高的温度和速度膨胀排出,从而产生一些推力,同时对发动机的比冲没有明显的影响。排放冷却的传热机理与再生式冷却相似。

(3)**辐射冷却**(radiative cooling)。

使用辐射冷却时,推力室壁是由在高温下难熔的合金,诸如钼、钽、钨及铜合金制成的单层室壁,热量是从推力室外表面直接辐射出去的。辐射冷却的冷却能力主要取决于推力室的温度及其表面情况,辐射能量 E 是绝对温度 T 的 4 次方的函数,即

$$E = f\varepsilon\sigma AT^4 \tag{5.7}$$

式中　　f——几何因子,它由附近物体的相对位置和形状来决定;

　　　　ε——黑度,它是由表面状况和材料性质决定的无因次系数;

　　　　σ——斯蒂芬 - 玻尔兹曼常数(1.38×10^{-23} J/K);

　　　　A——表面积。

辐射冷却是一种简便、结构质量轻的冷却方法,它被广泛地应用于燃气温

度较低的发动机中。例如飞行器机动和姿态控制用的单组元肼发动机,其燃烧室的最高温度约为850 K。这种冷却方法还广泛用于燃气发生器的燃烧室和喷管出口延长段或裙部。为了达到必须的热流,要求有高的金属壁温。

(4) **热沉冷却**(heat sink cooling)。

使用热沉冷却时,推力室为非冷却型的金属重型结构,壁很厚。工作期间,在壁温上升到破坏程度以前,热量被足够重的室壁所吸收,其作用好像一块热海绵。可见,推力室壁材料的吸热能力决定了推力室最长的工作时间。这种方法主要用于低室压和低传热速率的情况,如较重的实验发动机中。

(5) **烧蚀冷却**(ablative cooling)。

使用烧蚀冷却时,推力室壁由烧蚀材料制成。在发动机刚启动时,烧蚀材料也如其他材料一样,类似热沉器。但烧蚀材料的低导热性使其表面温度很快上升。在650 ~ 800 K时,树脂状物质吸热分解变成多孔碳素物和热解气体。随着碳化深度的增大,当这些气体以与热流相反的方向渗透穿过碳化层时,经历了一个吸热裂解过程。这样,这些气体就在碳表面形成了一个富燃的保护边界层。图5.6示出了发动机工作期间烧蚀材料的分层状况。

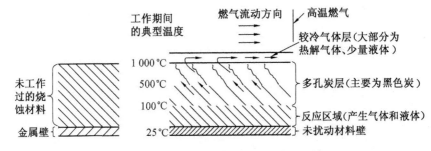

图5.6 发动机工作期间烧蚀材料的分层情况

常用的烧蚀材料都以树脂(如酚醛树脂或环氧树脂)作为黏结剂,以各种纤维(碳、高硅玻璃、石棉和石墨纤维等)作为加强剂。烧蚀部件有两种成型方法:高压压铸和蕊线上缠绕。烧蚀冷却广泛用于固体推进剂火箭发动机的燃烧室衬套、喷管出口裙的冷却。在液体推进剂火箭发动机中,对于非常小的燃烧室、脉冲式可多次启动的飞行器姿态控制发动机及变推力火箭发动机等,应用烧蚀冷却也是很有效的。

(6) **膜冷却**(film cooling)。

膜冷却是利用各种措施(如头部专门的冷却喷注孔、室壁上用来形成膜的孔或缝、多孔材料制成的室壁等)喷入液态推进剂组元或冷气,在室壁的内表面形成一层液体及其蒸气膜,用以隔离燃气,降低室壁温度。膜冷却经常用在单独使用再生冷却能力不足的燃烧室和喷管壁面处,以增强再生冷却的效果。使用薄膜冷却会使火箭的性能略有降低,这是因为用于冷却液膜的液体没有完全燃烧,所以没有充分利用这部分液体。

发汗冷却是一种特殊形式的膜冷却,它使用多孔的壁面材料,这种材料使冷却液通过小孔均匀地布满壁面,并在壁面上形成液膜和气膜,如人体发汗一样,故称发汗冷却。这种技术已经成功地在土星 5 号火箭上面级发动机 J - 2 和航天飞机主发动机 SSME 上用来冷却喷注器表面,但是尚未用来冷却燃烧室和喷管壁面。

(7) **绝热涂覆法**(adiabatic coating method)。

绝热涂覆法用高熔点金属和难熔材料作为涂层,来提高室壁允许的温度上限,减少传给室壁的热流。例如,用等离子喷涂方式在室壁内表面涂以 0.4 ~ 0.5 mm 厚的导热性很差的氧化铝和氧化铝绝热涂层,能显著降低室壁温度,大大改善工作条件。

可以采用的绝热涂层材料有难熔金属,如钼、铌和钽等,以及金属和非金属陶瓷,如氧化铝、氧化锆、氮化硼(BN) 和氮化硅(SiN) 等,英国“萘克”导弹的液体火箭发动机推力室采用 SiC 和 Si_3N_4 陶瓷作为覆盖层,室壁不进行冷却,工作时间可达 35 s。难熔金属涂层的缺点是防蚀能力差。金属陶瓷有良好的防蚀作用,但抗热振性差。

2. 再生冷却传热分析

推力室再生冷却的传热(图5.7) 可以用经过隔着多层的两股运动着的流体间的传热描述,其包括 3 个串联型传热过程:

① 在燃烧室的内表面上,穿过气膜具有大温度梯度的稳态传热过程;

② 穿过燃烧室壁温度降低的热传导;

③ 推力室的冷却通道中,通过流动的冷却液膜的对流传热。

稳态传热方程的一般形式为

$$q = h(T_g - T_1) = \frac{Q}{A} = \qquad (5.8)$$

$$\frac{T_g - T_1}{\frac{1}{h_g} + \frac{\tau_w}{k} + \frac{1}{h_1}} = \qquad (5.9)$$

$$h_g(T_g - T_{wg}) = \qquad (5.10)$$

$$\frac{k}{\tau_w}(T_{wg} - T_{wl}) = \qquad (5.11)$$

$$h_1(T_{wl} - T_1) \qquad (5.12)$$

式中　q——单位时间内通过单位面积的传热量；

　　　h——总的薄膜的传热系数；

　　　T_g——燃气的热力学温度；

　　　T_1——冷却液的热力学温度；

　　　Q——单位时间内的总传热量；

　　　A——横截面积；

　　　T_{wl}——液壁一侧壁面的热力学温度；

　　　T_{wg}——气壁一侧壁面的热力学温度；

　　　h_g——气膜的传热系数；

　　　h_1——冷却液的薄膜传热系数；

　　　τ_w——燃烧室的壁厚；

　　　k——壁材料的导热系数。

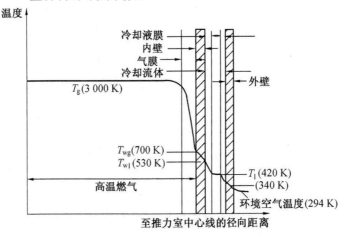

图 5.7　再生冷却的传热简图

由于各薄膜传热系数、燃气和液体冷却剂的温度、壁厚及表面积等参数通常都是沿燃烧室轴向变化的（假定传热为轴对称），所以可根据下式求出单位时间内的总传热量 Q，即

$$Q = \int q \mathrm{d}A = \pi \int Dq \mathrm{d}L \qquad (5.13)$$

式中　D——冷却通道横截面的当量直径；

　　　L——冷却通道的长度。

例题 5.1　研究薄膜系数变化对传热和壁温的影响。数据如下：

壁厚　　　　　　　　0.445 mm

壁材料　　　　　　　低碳钢

平均导热系数　　　　43.24 W/(m·K)

平均燃气温度　　　　3 033 K

平均液体温度　　　　311.1 K

气膜传热系数　　　　147 W/(m²·K)

液膜传热系数　　　　205 900 W/(m²·K)

改变 h_g(h_1 不变),然后改变 h_1(h_g 不变),确定传热速率的变化以及液壁和气壁壁温的变化。

解
$$q = \frac{T_g - T_1}{\frac{1}{h_g} + \frac{\tau_w}{k} + \frac{1}{h_1}} = \frac{3\ 033 - 311.1}{\frac{1}{147} + \frac{0.445 \times 10^{-3}}{43.24} + \frac{1}{205\ 900}}\ \text{W/m}^2 =$$

$$3.992\ 3 \times 10^5\ \text{W/m}^2$$

$$T_{wg} = -\frac{q}{h_g} + T_g = \left(-\frac{3.992\ 3 \times 10^5}{147} + 3\ 033\right)\ \text{K} = 317.1\ \text{K}$$

$$T_{wl} = \frac{q}{h_1} + T_1 = \left(\frac{3.992\ 3 \times 10^5}{205\ 900} + 311.1\right)\ \text{K} = 313.0\ \text{K}$$

按照要求改变 h_g 或改变 h_1,重复上面的计算,可得相应的 q、T_{wg} 和 T_{wl},结果见表 5.3。由表可知,气膜传热系数的变化对传热速率有显著的影响,但对壁温的影响较小。液膜传热系数的影响恰好相反,改变 h_1 对传热速率产生的影响很小,但对壁温却有相当大的影响。

表 5.3　膜传热系数变化对传热速率和壁温的影响

膜传热系数变化量/%		传热速率	壁温/K	
气膜	液膜	变化量/%	气壁温度	液壁温度
50	100	50	314.1	312.1
100	100	100	317.1	313.0
200	100	199.5	323.2	315.0
400	100	397.3	335.1	318.8
100	50	99.9	319.1	315.0
100	25	99.8	322.9	318.8
100	12.5	99.5	330.6	326.5
100	6.25	98.9	345.86	341.7

由例题 5.1 可知,对于热流很大采用强迫对流换热的发动机来说,液膜特性是控制发动机壁温的关键所在。至少有 4 种类型的薄膜出现,这可根据图 5.8 加以说明。图中单位壁面的传热速率表示为液壁温度 T_{wl} 和液体主流温度 T_l 之差的函数。

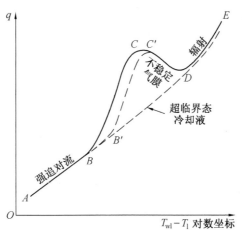

图 5.8　热壁向流体的传热状态

(1) 在通常的热流密度低的强迫对流换热区内,具有可预测特征的液体边界层。在图 5.8 中,它由 $A - B$ 区域表示。在这个区域内的壁温一般都低于冷却夹层压力下的液体沸点。因为稳态传热的分析方法对管道流动和锅炉流动一般都是有效的,所以在这个区域内可采用常见的方程形式来确定**液膜传热系数**(liquid film heat transfer coefficient),即

$$h_1 = 0.023\bar{c}\,\frac{\dot{m}}{A}\left(\frac{Dv\rho}{\mu}\right)^{-0.2}\left(\frac{\mu\bar{c}}{k}\right)^{-2/3} \tag{5.14}$$

式中　$\dot{m}$——液体的质量流量;

　　　$\bar{c}$——流体的平均比热容;

　　　A——流道的横截面积;

　　　D——冷却通道横截面的当量直径;

　　　v——流体的流动速度;

　　　ρ——冷却剂的密度;

　　　μ——动力黏性系数;

　　　k——导热系数。

许多液体冷却式火箭发动机都在这一传热区域内工作。

(2) 当壁温 T_{wl} 超过冷却液的沸点 15 ~ 50 K 时,在壁的表面就形成了小

气泡。这些小的核状气泡会引起局部扰动,它们离开壁面而破裂,随后消失在较冷的液体中,这就是众所周知的核沸腾。由于气泡改变液膜特性引起了扰动,而部分推进剂汽化又增强了这种扰动,因此,由图 5.8 中 $B - C$ 段曲线陡峭的斜率可以看到:传热速率增大,而穿过薄膜内的温度降并没有成比例地增长。如果流体的压力升高,则其沸点也要升高,而且核沸腾区要向右移动到 $B' - C'$ 段。

(3)随着传热量的进一步增大,形成气泡的速率加快,同时气泡的尺寸也增大到不能很快地从壁面上逃逸的程度。这个区域(如图 5.8 中的 $C - D$ 段所示)的特点是气膜不稳定,并且要进行重复性试验是困难的。当沿着热壁表面的薄膜大部分或全部由气体所形成时,这个薄膜的作用就像一个绝热层,会引起热流密度下降。并且,壁的温度会很快升高,以至于造成壁材料的烧蚀或熔化。

(4)随着穿过薄膜温差的进一步增大,壁温会升高到某个数值。在此温度下,辐射成为主要的传热形式。$D - E$ 区域内的特征是壁温很高,薄膜基本上是连续的气体或蒸气。火箭工程师们对这个传热区域很少关注。

有的冷却剂,比如氢,也可以在其临界点之上进行冷却,在这种情况下没有核沸腾,而且传热速率随温度差的增大而增大,如图 5.8 中的超临界线(虚线)所示。流体的化学变化会严重地干扰热壁对流体的传热:燃料裂化会伴随生成不可溶气体,或者形成沉积在热壁表面上的固态物质。这会导致最大热流密度降低,从而使传热失效加快。

为了使冷却剂实现良好的吸热能力,选择压力和冷却剂流速时应使冷却剂在吸收了进入冷却夹套的全部热量后,其加热后的温度 T_2 低于冷却夹套压力下冷却剂的沸点。T_2 可由下式计算,即

$$qA = Q = \dot{m}\bar{c}(T_1 - T_2) \tag{5.15}$$

式中　$\dot{m}$——冷却剂的质量流量;

　　　A——流道的横截面积;

　　　$\bar{c}$——冷却剂的平均比热容;

　　　T_1——冷却剂进入冷却夹套时的起始温度;

　　　Q——单位时间内的吸热速率;

　　　q——单位面积在单位时间内的吸热速率。

3. 推力室冷却通道的结构

对于采用再生冷却的推力室来说,整个推力室的结构风格、结构强度、冷却可靠性以及结构质量等都与冷却通道的结构有关。再生冷却推力室冷却通

道的结构形式主要有以下几种：

（1）内外壁间形成的光滑缝隙式冷却通道。

内外壁间形成的光滑缝隙式冷却通道结构最简单（图5.9），但在冷却液流量很小的情况下，为保证所需的流速，通道的缝隙尺寸 Δ 必须很小（小于0.4 mm），这在工艺上难以实现。此外，当冷却通道内的压力较大时，薄的内壁很容易由于刚性不够而变形。

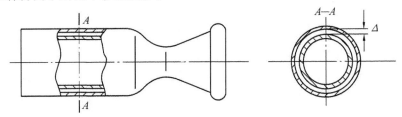

图5.9　光滑缝隙式冷却通道示意图

（2）内外壁互相连接的冷却通道。

内外壁互相连接的冷却通道主要有3种形式，一种是在专门的冲压坑处将内外壁焊接起来的冷却通道，如图5.10所示。压坑处在外壁上，其形状可以是圆形的，也可以是椭圆形的。另一种形式是将在内壁上铣出的肋条与外壁进行钎焊，如图5.11(a)所示；还有一种结构形式是通过装入专用的波纹板，沿波纹板内外壁进行钎焊，如图5.11(b)所示。

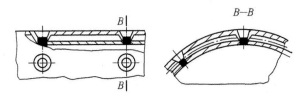

图5.10　在压坑处连接的冷却通道示意图

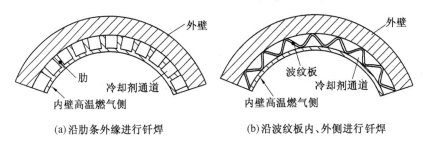

(a)沿肋条外缘进行钎焊　　　　(b)沿波纹板内、外侧进行钎焊

图5.11　内、外壁用钎焊连接的冷却通道示意图

（3）管束式冷却通道。

管束式冷却通道有纵向管束式和螺旋管束式两种。纵向管束式冷却通道是将变截面的薄壁管压制成推力室型面形状后,把这些管子沿圆周排列,并通过钎焊连接而成的,如图 5.12 所示。薄壁管的壁厚一般为 0.3 ~ 0.5 mm,截面有矩形、圆形等,为了保证管束式推力室的强度,在外面需装有特制的加强肋。纵向管束式冷却通道的缺点是变截面薄壁管的制造和成形困难、刚度差、管间间隙不易调整,从而影响焊接质量。美国的 J – 2X 氢氧发动机,航天飞机主发动机 SSME 都采用纵向管束式推力室。

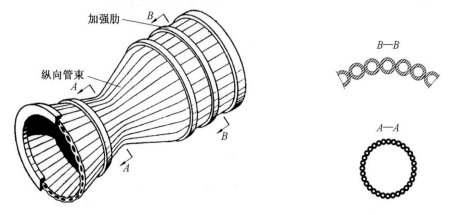

图 5.12   纵向管束式推力室

螺旋管束式是将若干根等截面的薄壁管螺旋弯曲后通过钎焊连接而成的,如图 5.13 所示,这种结构形式的推力室刚度好,且可以通过螺旋升角的改变调整管间间隙,容易保证焊接质量,法国的 Vulcain/Vulcain2 氢氧发动机就采用的是螺旋管束式推力室。

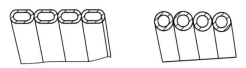

图 5.13   螺旋形细管

5.1.4   喷注器

喷注器通常位于燃烧室的前端,其功能是将推进剂以一定的流量引入燃烧室,将其雾化并以一定的比例相混合,形成均匀的燃烧剂和氧化剂的混合物,以便于汽化和燃烧。喷注器能够提供内冷却保护膜,以保护推力室内壁不

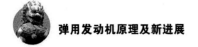

过热。此外,喷注器还要承受和传递推力。

常用的喷注器包括**直流式喷注器**(direct current injector)、**离心式喷注器**(centrifugal injector)和**同轴管式喷注器**(coaxial tube injector),图 5.14 给出了喷注器的分类。

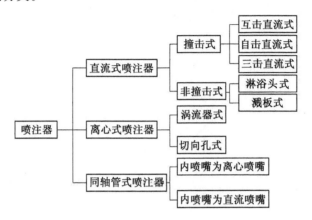

图 5.14　喷注器的分类

如图 5.15 所示,对于互击式喷注器构型(图 5.15(a)),推进剂从许多独立的小孔中喷出,喷射时使燃料和氧化剂射流彼此相撞。撞击后形成很薄的液扇,这有助于将液体雾化成液滴,并有助于均匀分布。对于自击式构型(图 5.15(b)),氧化剂和氧化剂射流撞击,燃料和燃料射流撞击。对于三击式喷注器构型(图 5.15(c)),它采用一种组元的一股射流和另一种组元的两股射流进行撞击,当氧化剂和燃料容积流量不相同时,采用三击式喷注器更有效。

淋浴头式喷注器(图 5.15(d))通常使用垂直于喷注器表面喷出的不撞击的推进剂射流,它靠紊流和扩散来混合。V - 2 导弹采用的火箭发动机中使用的就是这种喷注器。溅板式喷注器(图 5.15(e))有助于推进剂的液相混合,它应用了推进剂射流与固体表面撞击的原理。某些可贮存的推进剂组合已经在变推力发动机上成功地使用了这种喷射方法。

离心式喷注器由许多作为基本单元的喷嘴组成,在喷嘴内装有涡流器或在喷嘴壁上钻有切向小孔,可以使推进剂在喷嘴中形成旋涡流动,这样,喷入燃烧室后可造成较大角度的锥形喷雾,能够改善雾化和混合效应。这种喷注器结构复杂,尺寸较大,但雾化效果好,也被广泛采用。

同轴管式喷注器(图 5.15(f))广泛用于以液氧／液氢为推进剂的发动机中。在液氢从冷却通道中吸热并汽化的情况下,这种喷注器的效果很好。气氢沿环形通道流入,而液氧沿圆柱形的内喷嘴进入。汽化了的氢的流速很高,而液氧的流速要小得多,速度差产生了剪切力作用,帮助液氧流束破碎成小液滴。

喷注器都由若干个喷嘴组成。喷嘴主要有两种基本类型:直流式喷嘴和离心式喷嘴。

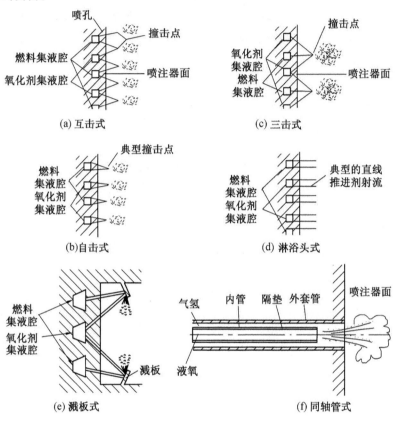

图 5.15　几种喷注器示意图

1. 直流式喷嘴

直流式喷嘴的理想秒流量可由一维无黏流的伯努利方程来确定,对喷嘴入口和出口写出伯努利方程,即

$$\frac{p_{in}}{\rho_{in}} + \frac{v_{in}^2}{2} = \frac{p_1}{\rho_1} + \frac{v_1^2}{2}$$

式中　　p_{in}、ρ_{in}、v_{in}——喷嘴入口处流体的压强、密度和速度;

p_1、ρ_1、v_1——喷嘴出口处流体的压强、密度和速度。

一般情况下,$v_{in} \ll v_1$,且对于不可压缩流,有 $\rho_{in} = \rho_1 = \rho$,令 $\Delta p = p_{in} - p_1$,

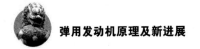

喷嘴的横截面积为 A，于是喷嘴出口流体的理想速度 v_1 和理想质量流量 $\dot{m}_i$ 为

$$v_1 = \sqrt{\frac{2\Delta p}{\rho}} \tag{5.16}$$

$$\dot{m}_i = \rho A v_1 = A\sqrt{2\rho\Delta p} \tag{5.17}$$

实际喷嘴中由于存在各种损失，致使实际秒流量与理想情况下的秒流量不一致。实际与理想的差别用喷嘴的流量系数 C_d 来表示，C_d 定义为实际质量流量 $\dot{m}$ 与理想质量流量 $\dot{m}_i$ 之比，于是喷嘴出口流体的实际速度 v 和实际质量流量 $\dot{m}$ 为

$$v = C_d\sqrt{\frac{2\Delta p}{\rho}} \tag{5.18}$$

$$\dot{m} = \rho A v = C_d A\sqrt{2\rho\Delta p} \tag{5.19}$$

式(5.19)是计算单个喷嘴流量的基本公式。由公式可以看出，影响喷嘴流量的主要因素是喷嘴压降 Δp、流体的密度 ρ、喷嘴的横截面积 A 和流量系数 C_d。

直流喷嘴的流量系数 C_d 是喷嘴长径比 l/d 和雷诺数 Re 的函数，其关系如图 5.16 所示。当 $l/d < 1.5$ 时，因为喷嘴孔中的流动不稳定，会出现各种不利的现象，故 C_d 值不高，一般 $C_d = 0.6 \sim 0.65$；当 $2 < l/d < 5$ 时，流量系数有较大的提高，这是因为这里孔中的流动较为稳定的缘故。若 l/d 再进一步提高，由于孔中摩擦的影响，损失增加，所以流量系数减小。此外，当 l/d 的值较大时，孔中分离和射流收缩等现象也会使流量系数明显下降。Re 对 C_d 的影响主要是由流体黏性造成的，这种影响反映在图 5.16 上。图中每条曲线都由 3 段组成，第 1 段 $\partial C_d/\partial Re$ 较大，它对应于孔中的层流状态；第 3 段的 $\partial C_d/\partial Re$ 较小，对应于孔中的紊流状态；中间的第 2 段是过渡段，即从层流到紊流的过渡状态。但是总体来说，随着 Re 的增加，流量系数增加。

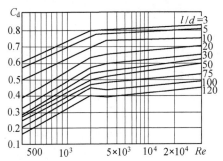

图 5.16　直流式喷嘴的 C_d 与 l/d 和 Re 的关系

例题 5.2　一互击直流喷注器中,撞击前氧化剂射流的质量流量为 $\dot{m}_o$、速度为 v_o,速度矢量 v_o 与喷注器面法线的夹角为 α_o,燃料射流的质量流量为 $\dot{m}_f$、速度为 v_f,速度矢量 v_f 与喷注器面法线的夹角为 α_f。若撞击后射流速度矢量与喷注器面法线的夹角为 α,试证明 $\tan \alpha = \dfrac{\dot{m}_o v_o \sin \alpha_o - \dot{m}_f v_f \sin \alpha_f}{\dot{m}_o v_o \cos \alpha_o + \dot{m}_f v_f \cos \alpha_f}$。

证明　垂直于喷注器面方向上撞击前射流的动量为 $\dot{m}_o v_o \cos \alpha_o + \dot{m}_f v_f \cos \alpha_f$,撞击后射流的动量为 $(\dot{m}_o + \dot{m}_f) v \cos \alpha$。

平行于喷注器面方向上撞击前射流的动量为 $\dot{m}_o v_o \sin \alpha_o - \dot{m}_f v_f \sin \alpha_f$,撞击后射流的动量为 $(\dot{m}_o + \dot{m}_f) v \sin \alpha$。

由撞击前后动量守恒,可得 $\tan \alpha = \dfrac{\dot{m}_o v_o \sin \alpha_o - \dot{m}_f v_f \sin \alpha_f}{\dot{m}_o v_o \cos \alpha_o + \dot{m}_f v_f \cos \alpha_f}$,得证。

通常,为了得到良好的性能,设计时使撞击射流的合成动量接近于轴向,即与喷注器面垂直。此时 $\alpha = 0$,于是有

$$\dot{m}_o v_o \sin \alpha_o = \dot{m}_f v_f \sin \alpha_f$$

将式(5.18)和式(5.19)代入上式可得

$$\frac{\sin \alpha_o}{\sin \alpha_f} = \frac{\dot{m}_f v_f}{\dot{m}_o v_o} = \frac{(C_d)_f}{(C_d)_o} \cdot \frac{A_f}{A_o} \cdot \frac{(\Delta p)_f}{(\Delta p)_o}$$

上式是设计时确定 α_o 或 α_f 的方程。方法是先选定 α_o(或 α_f),利用上式计算出 α_f(或 α_o)。通常,α_o 和 α_f 在 $25° \sim 35°$ 之间。

2. 离心式喷嘴

离心式喷嘴有两种:一种是具有切向孔的离心式喷嘴;另一种是带旋流器的离心式喷嘴,如图 5.17 所示。离心式喷嘴的主要特点是液体在喷嘴内形成高速旋转运动,在离心力的作用下展成薄膜,有利于雾化。

现以具有单个切向孔的离心式喷嘴为例,分析喷嘴的工作原理。在没有摩擦和局部阻力的理想情况下,液体的微元应遵守动量矩守恒定律,即

$$v_{in} R = v_t r \qquad (5.20)$$

式中　　v_{in}—— 切向孔入口处液体的速度;

　　　　R—— 切向孔入口处液体的旋转半径;

　　　　v_t—— 液体微元的切向速度;

　　　　r—— 微元到喷嘴轴的距离。

对离心式喷嘴入口和出口写出伯努利方程,即

$$\frac{p_{in}}{\rho_{in}} + \frac{v_{in}^2}{2} = \frac{p_1}{\rho_1} + \frac{v_t^2}{2} + \frac{v_a^2}{2} = 常数 \qquad (5.21)$$

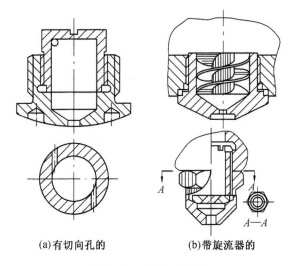

(a)有切向孔的　　　　　　(b)带旋流器的

图5.17　离心式喷嘴

式中　　v_a——液体微元的轴向速度。

对于不可压缩流有 $\rho_{in} = \rho_1 = \rho$，于是有

$$\frac{\Delta p}{\rho} = \frac{v_t^2}{2} + \frac{v_a^2}{2} \tag{5.22}$$

式中　　Δp——喷嘴总压降，$\Delta p = p_{in} - p_1 + \dfrac{\rho v_{in}^2}{2}$。

由式(5.21)、式(5.22)可知，当质点微元逐渐接近轴线时，它的切向速度逐渐增大，最后趋于无穷大，而液体的静压趋于无穷大的负压，这种情况在物理上是不可能的，物理上液体的静压只能达到介质压力。于是离心式喷嘴在轴线附近存在一个气体介质的涡心，该涡心沿整个轴线都存在，所以喷嘴的出口面积被占去了相当一部分，为了说明出口面积的利用情况，引入一个出口面积充实系数 φ，其定义为

$$\varphi = \frac{r_e^2 - r_v^2}{r_e^2} = 1 - \frac{r_v^2}{r_e^2} \tag{5.23}$$

式中　　r_e——喷嘴的出口半径；

　　　　r_v——旋涡半径。

由连续方程得

$$Q = C_d \pi r_e^2 \sqrt{\frac{2\Delta p}{\rho}} = \pi r_{in}^2 v_{in} = \varphi \pi r_e^2 v_a \tag{5.24}$$

式中　　r_{in}——切向孔半径。

所以

$$v_{in} = v_a \cdot \varphi \cdot \frac{r_e^2}{r_{in}^2}$$

又因为

$$v_t = v_{in} \cdot \frac{R}{r_v}$$

于是有

$$v_t = v_a \cdot \varphi \cdot \frac{r_e^2}{r_{in}^2} \cdot \frac{R}{r_v}$$

又由式(5.23)得

$$r_v = r_e \sqrt{1 - \varphi}$$

所以

$$v_t = v_a \frac{R r_e}{r_{in}^2} \frac{\varphi}{\sqrt{1 - \varphi}}$$

上式中,$R r_e / r_{in}^2$ 只与喷嘴的几何参数有关,称为离心式喷嘴的几何特性,记作 A。由此得

$$v_t = v_a A \frac{\varphi}{\sqrt{1 - \varphi}}$$

将上式代入式(5.22)中得

$$v_a = \frac{1}{\sqrt{A^2 \dfrac{\varphi^2}{1 - \varphi} + 1}} \sqrt{\frac{2\Delta p}{\rho}} \tag{5.25}$$

由式(5.24)得

$$C_d = \frac{\varphi \cdot v_a}{\sqrt{\dfrac{2\Delta p}{\rho}}}$$

将式(5.25)代入上式得

$$C_d = \frac{1}{\sqrt{\dfrac{A^2}{1 - \varphi} + \dfrac{1}{\varphi^2}}} \tag{5.26}$$

上式是计算离心式喷嘴流量系数的基本公式。考虑到当喷嘴流量系数最大时,喷嘴的几何特性参数 A 和充实系数 φ 之间存在如下关系式:

$$A = \frac{1 - \varphi}{\sqrt{\varphi^3 / 2}} \tag{5.27}$$

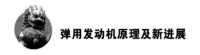

于是将式(5.27)代入式(5.26),得

$$C_d = \sqrt{\frac{\varphi^3}{2-\varphi}} \qquad (5.28)$$

由式(5.27)、式(5.28)可知,一定几何特性的离心式喷嘴,其充实系数和流量系数在它工作的各种情况下都是常数。这是离心式喷嘴极为重要的特性。

5.2 涡 轮 泵

涡轮泵(turbopump)是指涡轮和泵的组合。在涡轮泵组件中,涡轮是泵的动力源,涡轮和泵的配置方式主要有3类:

(1)直接传动。涡轮、燃烧剂泵和氧化剂泵安装在同一根轴上,都以同一转速工作,涡轮可配置在两泵的一端,也可在两泵的中间。若是燃烧剂泵和氧化剂泵有它自己单独的涡轮,则是泵与它们各自的驱动涡轮同轴配置。

(2)齿轮传动。涡轮通过一个或多个减速齿轮箱带动氧化剂泵和燃烧剂泵。这类配置有置中式的,涡轮通过两套齿轮分别带动两个泵,涡轮、燃烧剂泵和氧化剂泵的转速都不相同,可以在各自的最佳转速下工作;还有偏置式的,涡轮通过一套齿轮传动同一轴上的两个泵,两个泵的转速相同,并通过齿轮传动。

(3)双涡轮传动。两个涡轮分别与两个推进剂泵同轴,直接驱动,包括串联供气式,从第一个涡轮排出的燃气再驱动第二个涡轮;并联供气式,两个涡轮同时接受驱动工质。具体选用何种涡轮泵配置取决于泵和涡轮的进口条件、质量、过去的经验、性能的变化范围、可靠性、易于研制与否和成本等因素。

5.2.1 涡 轮

涡轮(turbine)是将高温燃气或高速流体的能量转变成转动机械功的一种叶片机,一般由转子(包括涡轮轴、涡轮盘和叶片等)、静子(包括喷嘴)和壳体组成,如图5.18所示。液体火箭发动机的涡轮必须提供足够的轴功率,以保证在所要求的速度和扭矩下带动推进剂泵(有时还有辅助设备)。

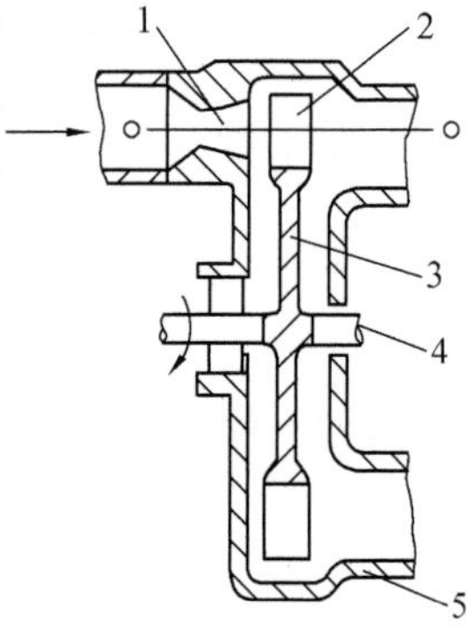

1— 涡轮喷嘴;2— 涡轮叶片;3— 涡轮盘;4— 涡轮轴;5— 涡轮壳体

图5.18　涡轮示意图

用于火箭发动机泵的传动的涡轮有两类：**冲击式涡轮**（impulse turbine）和**反力式涡轮**（reaction turbine）。在冲击式涡轮里，涡轮工质主要在涡轮喷嘴内膨胀，将工质的焓转变成动能。高速燃气到达转动叶片时，高动能工质流的动量将冲量传递给安装在涡轮盘上的转动叶片而使叶片转动。在反力式涡轮里，涡轮工质不仅在喷嘴中膨胀，也在工作叶片中发生膨胀。图 5.19 给出了这两类涡轮内的压力分布。大多数的火箭发动机涡轮既不是纯冲击式涡轮，也不是反力式涡轮，而常常是相当接近冲击涡轮而在转动叶片里又带有很少一点反作用。

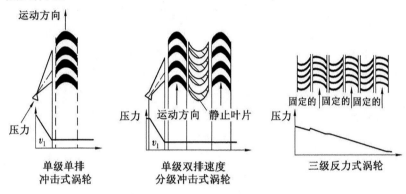

图 5.19　冲击式和反力式涡轮的压力分布

有些发动机里，涡轮排气在排气管的出口处通过一个拉瓦尔喷管。高的涡轮出口压力在喉部形成临界流动状态，因此保证了涡轮出口压力恒定不变，并保证涡轮功率不随高度变化。在有些效率更高的发动机里，涡轮排气的压力很高，并将排气吸入主燃烧室。涡轮产生的功率为

$$P_{\mathrm{T}} = \eta_{\mathrm{T}} \dot{m}_{\mathrm{T}} \Delta h \tag{5.29}$$

$$P_{\mathrm{T}} = \eta_{\mathrm{T}} \dot{m}_{\mathrm{T}} c_p T_1 \left[1 - \left(\frac{p_2}{p_1} \right)^{\frac{k-1}{k}} \right] \tag{5.30}$$

涡轮发出的功率 P_{T} 与涡轮效率 η_{T}、通过涡轮的质量流量 $\dot{m}_{\mathrm{T}}$（通常也是气体发生器的流量）和单位质量流量的有效焓降 Δh 成正比。这里的焓是比定压热容 c_p、涡轮喷管进口温度 T_1、涡轮压力比和涡轮气体的比定压热容与比定容热容之比 k 的函数。涡轮发出的功率 P_{T} 必须等于推进剂泵和装在涡轮泵上的其他辅助设备（如液压泵、发电机、转速表等）所需要的功率以及轴承、齿轮、密封和耐磨环上的功率损失之和。通常这些损失很小，可以忽略不计。火箭设计者所关心的是提高涡轮效率和涡轮进口温度 T_1，以降低涡轮工质的流量，也即降低驱动涡轮所需的推进剂量，从而提高总的有效比冲，涡轮叶片

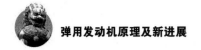

的材料越好,所允许的温度值 T_1 越高。

在一定的叶片速度与涡轮排气管出口速度比下冲击式涡轮的效率有一个最佳值。涡轮排气管出口速度可以用式(3.16)确定,叶片速度等于平均叶片半径和轴速的乘积。现有的单级涡轮效率为 20% ~ 40%,速度比是 0.07 ~ 0.15;二级涡轮效率是 40% ~ 70%,速度比为 0.10 ~ 0.30。

许多火箭发动机涡轮的效率不高是因为采用离心泵造成的。泵和涡轮装在同一根轴上时,离心泵限制了涡轮的轴速。轴速低,再加上受质量要求的限制,涡轮直径不能很大,所以叶片速度低,继而使效率降低。

只有涡轮泵设计时允许高的涡轮叶片速度,才能真正提高涡轮效率。对于中小推力的火箭发动机,将涡轮通过齿轮与泵轴相连或者选用允许高转速的泵可以实现上述情况。推力很大的火箭发动机,泵的直径和轴速与涡轮的直径和轴速很接近,因此可以和涡轮装在同一根轴上。控制涡轮进口的流量可以调节涡轮的输入功率,一般通过节流、旁通一部分进入涡轮的工质流量或者改变涡轮进口压力来实现。

涡轮叶片的速度受高温下材料强度的限制。有些合金钢涡轮在大于1 150 K 的温度下,其叶片速度已经达到 400 m/s 以上。因为工作循环的总数相当少,所以在许多情况下可以不考虑蠕变和疲劳的问题,而允许进口温度和叶片速度超过常规的、长时间工作涡轮规定的数值。

5.2.2 泵

1. 泵的分类和组成

泵(pump)是一种输入机械功使流体压力提高的机械。可以使用的泵的种类很多,通常认为**离心泵**(centrifugal pump)和**轴流泵**(axial pump)最适用于大型火箭发动机推进剂的输送,因为在流量大,压力高的条件下,这两种泵的效率高,而且质量轻,所占空间小,经济性好。

离心泵是利用离心作用提高流体压力的一种叶片泵,它由转子和静子两部分组成,转子组件主要包括叶轮和轴,静子组件包括蜗壳和扩压器,图 5.20 示出了一个离心泵的简图。叶轮实际上是一个在壳体内旋转的带曲线叶片的轮子,流体进入叶轮后在叶轮的通道里被加速,以很高的速度离开叶轮边缘,进入蜗形通道(或称集液器),随后进入扩压器,将流体的动能(速度)转变成势能(压力)。

叶轮按液体流出的方向分为 3 类:

(1)径流式叶轮(离心式叶轮)。液体沿着与轴线垂直的方向流出叶轮。

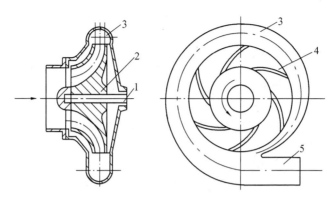

1— 轴;2— 叶轮;3— 蜗壳;4— 叶片;5— 扩压器

图 5.20　离心泵简图

（2）混流式叶轮（斜流式叶轮）。液体沿着与轴线呈一定倾角的方向流出叶轮。

（3）轴流式叶轮。液体流动的方向与轴线平行。

叶轮按吸入的方式分为两类：

（1）单吸叶轮。叶轮从一侧吸入液体。

（2）双吸叶轮。叶轮从两侧吸入液体。

仅有一个叶轮的泵称为单级泵,流体依次通过数个叶轮的泵称为多级泵。单级泵施加给流体的压力增量有时受到一定的限制,因此增压头很大的流体（如液氢）需要用多级泵。

2. 泵的基本参数

泵的基本参数有流量、扬程、转速、功率和效率。

（1）流量。

流量（flow）是指泵在单位时间内输出的液体体积,又称容积流量,用 Q 表示,它与质量流量 $\dot{m}$ 的关系为 $Q = \dfrac{\dot{m}}{\rho}$,其中 ρ 为流体的密度。

如果给定推力、有效排气速度、推进剂密度和混合比,就确定了所需要的泵流量。除了推力室所需要的推进剂流量外,在确定泵流量时还必须考虑燃气发生器和辅助设备的推进剂消耗量。

（2）扬程。

扬程（head）是指单位质量的流体通过泵以后能量的增量,用 H 表示,单位为 m。扬程 H 与液体增加的压力 Δp 之间的关系为

$$H = \frac{\Delta p}{\rho g} = \frac{p_2 - p_1}{\rho g} \qquad (5.31)$$

式中　　p_2——泵出口的压力；

p_1——泵入口的压力。

（3）转速。

转速（rotational speed）是指泵转子每分钟的转数，单位为 r/min。

（4）泵的功率。

泵的功率是指泵的轴功率，即输入功率，用 P_p 表示。在一定体积流量下，消耗在产生实际压头上的功率称为泵的有效功率，用 P_{ef} 表示，即

$$P_{ef} = \rho g Q H \qquad (5.32)$$

（5）泵的效率。

泵的效率（pump efficiency）是指泵的有效功率与输入功率之比，用 η 表示，有

$$\eta = \frac{P_{ef}}{P_p} \qquad (5.33)$$

3. 泵的比转速

由于泵内液体运动的复杂性，目前为了得到一台有良好水力性能的泵，广泛采用与实际泵相似的模型泵来进行试验。根据流体力学的相似理论，相似的泵必须满足几何相似、运动相似和动力相似等条件。在相似工况下，两相似泵的参数间满足如下关系：

$$\frac{Q_P}{Q_M} = \left(\frac{D_P}{D_M}\right)^3 \left(\frac{n_P}{n_M}\right) \qquad (5.34)$$

$$\frac{H_P}{H_M} = \left(\frac{D_P}{D_M}\right)^2 \left(\frac{n_P}{n_M}\right)^2 \qquad (5.35)$$

$$\frac{N_P}{N_M} = \left(\frac{D_P}{D_M}\right)^5 \left(\frac{n_P}{n_M}\right)^3 \qquad (5.36)$$

式中　　D——泵的尺寸；

N——泵的功率；

H——泵的扬程；

n——泵的转速；

下角标 P、M——实型泵和模型泵。

式（5.34）～式（5.36）是在假设实型泵和模型泵效率相等的情况下得到的，当实型泵和模型泵的尺寸比例相差不太大时，这种假设是成立的。利用式

（5.34）和式（5.36），消去 D_M/D_P，得

$$\frac{H_P^3}{Q_P^2 n_P^4} = \frac{H_M^3}{Q_M^2 n_M^4} \qquad (5.37)$$

我国习惯上采用的**比转速**（specific speed）n_s 的定义为：扬程为 1 m，输出功率为 1 马力的模型泵的每分钟的转数。这里假定模型泵的工作流体为水。由 $N = \rho_{水} g H_M Q_M = 1$ 马力 $= 745.7$ W，得 $Q_M = 745.7/(\rho_{水} g H_M)$，代入式（5.37）中得到比转速 n_s 的表达式为

$$n_s = \frac{3.65 n \sqrt{Q}}{H^{3/4}} \qquad (5.38)$$

式中　　Q——流量，m^3/s；

　　　　H——扬程，m；

　　　　n——转速，r/min。

这种定义下，比转速的量纲为 $m^{3/4}/s^{3/2}$。

美国习惯上采用的比转速 n_s 的定义为：扬程为 1 ft，流量为 1 USgal/min 的模型泵所需要的每分钟的转数。

将 $Q_M = 1$ USgal/min $= 2.227 \times 10^{-3} ft^3/s$ 代入式（5.37）中，得

$$n_s = \frac{n \sqrt{Q}}{H^{3/4} \sqrt{Q_M}} = 21.2 \frac{n \sqrt{Q}}{H^{3/4}} \qquad (5.39)$$

式中　　Q——流量，ft^3/s；

　　　　H——扬程，ft；

　　　　n——转速，r/min。

在这种情况下，比转速的量纲为 $ft^{3/4}/s^{3/2}$。

国标 GB 3216 和国际标准 ISO 2548 中定义了无量纲比转速 n_s，即

$$n_s = \frac{2\pi n \sqrt{Q}}{60(gH)^{3/4}} \qquad (5.40)$$

式中　　Q——流量，m^3/s；

　　　　H——扬程，m；

　　　　n——转速，r/min。

在应用式（5.38）～ 式（5.40）计算泵的 n_s 时，对于双吸泵，公式中的 Q 应除以 2；对于多级泵，公式中的 H 应除以 i，i 为多级泵的级数。

在每个比转速范围内都有一种泵的效率最高，见表 5.4。比转速越小，叶轮通道相对越细长，随着比转速逐渐增大，叶轮通道相对越来越宽，成为混流泵，乃至轴流泵。

表 5.4　泵的形式

泵轮形式	径流式	混流式	轴流式
基本形状			
比转速(中国习惯)	30 ~ 300	300 ~ 500	500 以上
比转速(美国习惯)	500 ~ 1 000	1 000 ~ 3 000	3 000 以上
比转速(无量纲)	0.2 ~ 0.6	0.6 ~ 1.0	1.0 以上

4. 泵的汽蚀

泵的性能受汽蚀的限制。所谓**汽蚀**(cavitation)是指若泵内某处流体的静压小于流体的汽化压力时,液体就会发生汽化(这一点常发生于叶片前缘的后面,因为这一点压力最低),形成气泡,与此同时,由于压强降低,原来溶解于液体中的气体也从液体中溢出,形成大量气泡。这些气泡随流体流到叶轮通道的高压区时,气泡迅速破裂。气泡周围的液体将以极高的速度填充气泡破裂形成的空穴,于是在局部地区发生高频率、高冲击力的水击,并伴有噪声,叶轮表面将会在连续的冲击下产生疲劳剥蚀,以至使其逐渐脱落破坏。汽蚀对离心泵工作性能的破坏是十分严重的,轻者使液体在泵内流动的连续性受到破坏,增加流动阻力,离心泵的流量、扬程和效率都明显下降;重者使离心泵断流,无法工作。可见,泵内发生汽蚀现象是很危险的,必须避免汽蚀。

在讨论如何避免汽蚀前,首先介绍两个术语:

(1)有效的净正吸入压头$(H_s)_A$(available net positive suction head, NPSH$_A$)。它是指液体在泵入口处高于蒸汽压的那部分压头,是系统可利用的净正吸入压头。NPSH$_A$的大小是由贮箱压力(液面上方气体的绝对压力)、推进剂液面高出泵进口的高度、贮箱与泵之间管路中的摩擦损失和液体的蒸汽压决定的。当飞行器加速的时候,推进剂液面高度产生的压头必须相应地修正。各压头的定义如图5.21所示。有效净正吸入压头$(H_s)_A$可由下式计算:

$$(H_s)_A = H_{贮箱} + H_{高度} - H_{摩擦} - H_{蒸汽} \tag{5.41}$$

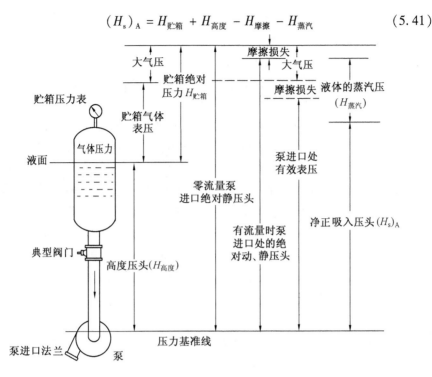

图 5.21　泵吸入压头的定义

（2）泵所需要的净正吸入压头 $(H_s)_R$（required net positive suction head，NPSH$_R$）。它是指为防止泵发生汽蚀所要求的最小吸入压头，它与泵和叶轮的设计有关，而与管路设计无关，其值随流量而增加。NPSH$_R$ 越小，表明泵抗汽蚀能力越好。$(H_s)_R$ 可利用式（5.42）和式（5.43）进行估算，即

$$(H_s)_R = (21.2n\sqrt{Q}/S)^{4/3} \tag{5.42}$$

$$(H_s)_R = \sigma \cdot H \tag{5.43}$$

式中　Q——流量，ft³/s；

n——转速，r/min；

S——吸入比转速；

σ——吸入参数或托马参数；

H——扬程，ft。

吸入比转速（suction specific speed）和**托马参数**（thoma parameter）取决于设计质量和比转速 n_s。式（5.42）中的吸入比转速的值在 5 000～60 000 之间，设计得好的、没有汽蚀的泵该值在 10 000～25 000 之间。

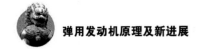
$(H_s)_R$ 通常是由泵的制造厂利用试验得到的,此时 $(H_s)_R$ 定义为在泵试验中,随着抽吸侧压力的不断降低,泵出口压头降低 2% 时的临界吸入压头。

泵不发生汽蚀的条件为泵所需要的比蒸汽压高的吸入压头 $(H_s)_R$ 小于管路输送给泵的有效净正压头 $(H_s)_A$,即 $(H_s)_R \le (H_s)_A$。

如果 $(H_s)_A < (H_s)_R$,则需要提高 $(H_s)_A$,以避免汽蚀,常用的方法有串联一个附加泵(称为增压泵)和采用气体增压推进剂贮箱。后一种方法不仅要求贮箱壁更厚,贮箱更重,而且需要一个单独的,通常比较复杂的气体挤压系统。例如,为了防止泵产生汽蚀,德国 V - 2 导弹的氧化剂贮箱要增压到 233.05 kPa(2.3 atm)。在 $(H_s)_A$ 一定的条件下,蒸汽压高的推进剂相应地需要更高的贮箱压力,结构质量也更大。在给定有效吸入压头 $(H_s)_A$ 的条件下,所需吸入压头低的泵一般允许设计的轴转速更高,直径更小,质量也就更轻。小的 $(H_s)_R$ 数值是所希望的,因为这样就可以降低贮箱增压的要求,因此结构质量要小。在压头和流量一定的条件下,如果泵轮和流体通道的水力特性设计得好(σ 值小),且轴转速较低,那么 $(H_s)_R$ 的数值就小。但是转速过低,泵的直径会增大,同时泵的质量也会增加。在选择火箭发动机上使用的离心泵时,其趋势是选择一最高转速,同时其 $(H_s)_R$ 值较低,不需要过高的贮箱增压或设计复杂性,从而使泵的质量比较小。

5.3 阀 门

阀门(valve)是液体火箭发动机中不可缺少的组件,其承担着对液体火箭发动机的控制、调节和操作检测功能。液体火箭发动机中使用的阀门有许多种,表 5.5 给出了主要阀门的名称、位置和特点。

按阀门的用途来分,液体火箭发动机中使用的阀门包括以下几种:

(1)断流阀。

断流阀(cut-off valve)是用于切断或打开流通介质通路的一种流体部件,它总是处于完全打开或者完全关闭的位置,如主阀、启动阀、加注阀和排泄阀等。

(2)控制阀。

控制阀(control valve)是一种通过改变限流面积,对管路中介质的压力和流量进行调节和控制的阀门,它可能有无数个工作位置,如节流阀、减压阀。

表5.5　液体火箭发动机中常用的阀门

名　　称	用　　途	位　　置	特　　点
加注泄出阀门	控制向贮箱中加注推进剂,或将贮箱中的推进剂排出	推进剂加注系统中,推进剂贮箱的底部	常闭式阀门 断流阀门
清洗泄出阀门	泄出启动阀门至加注泄出阀门之间的推进剂	推进剂加注系统中	常闭式阀门
启动阀门	在发动机启动前将推进剂与泵隔开	泵的入口	一次启动的发动机中为常闭式阀门,常用电爆式的;多次启动的发动机中为气动控制的多次工作阀门
主阀门 (断流阀门)	当发动机关机时切断推进剂到推力室的通路	泵后面到推力室的主管路上	常开式阀门,当需要关机时,利用高压惰性气体或电爆管爆炸产生的高压燃气使阀门关闭
保险阀门	用来防止贮箱内增压压力超过允许压力值	贮箱增压系统中,贮箱前底上	常闭式阀门
电爆阀门	用来控制贮箱的增压气路	贮箱增压系统中,气瓶组到减压器的管路上	常闭式阀门 一次工作阀门

（3）止回阀。

止回阀（back valve）是为了防止流体倒流的一种阀门,如单向阀。

（4）保险阀。

保险阀（relief pressure valve）是一种用于超压安全保护,在一定压力下能够自动排出多余介质,进行自动泄压的阀门,如溢流阀。

按工作次数来分,液体火箭发动机中的阀门有以下两种:

（1）一次工作阀门。

一次工作阀门是靠发动机本身的推进剂能量或者电爆管通电产生的燃气压力来控制开启或关闭的阀门,它只能工作一次。

（2）多次工作阀门。

多次工作阀门用于多次启动或有测试要求的工作系统中,常采用电动驱动或气动驱动两种方法。

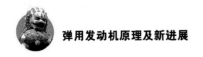

5.4　推力室设计计算举例

按表5.6所示的推力室性能指标和参数设计一个推力室。本节仅给出燃烧室、喷管以及喷嘴的设计计算方法,略去有关推力室冷却的设计内容。

表5.6　推力室性能指标和参数

序号	指标	数值
1	推进剂组合	液氧和液氢
2	推力室混合比 γ	5.2
3	喷管面积比 ε	60
4	推力室推力	70 000 N
5	供应系统	燃气发生器循环
6	燃烧室压力 p_1	3.5 MPa
7	外界环境压力 p_3	0.003 6 MPa
8	燃烧室收缩比 ε_c	3.2
9	燃烧室效率 ξ_c	0.99
10	比冲效率 ξ_{I_s}	0.96

1. 推力室性能参数计算

根据给定的推进剂组合、混合比、燃烧室压力、喷管面积比以及外界环境压力,利用推进剂热力计算软件可得推力室的理论比冲为429 s,燃烧产物的比定压热容与比定容热容之比 $k=1.31$,燃烧室温度为 $T_1=3\,296$ K,燃烧产物的平均摩尔质量 $\mu=12$ kg/kmol,理论特征速度为2 345.6 m/s。

于是推力室的实际比冲为

$$(I_s)_a = \xi_{I_s} \cdot (I_s)_i = (0.96 \times 429)\ \text{s} = 411.8\ \text{s}$$

推进剂的质量流量为

$$\dot{m} = \frac{F}{(I_s)_a g_0} = \frac{70\,000}{411.8 \times 9.806}\ \text{kg/s} = 17.33\ \text{kg/s}$$

流入推力室的液氧流量 $\dot{m}_o$ 和液氢流量 $\dot{m}_f$ 为

$$\dot{m}_o = \dot{m}\,\frac{\gamma}{\gamma+1} = 17.33 \times \frac{5.2}{5.2+1}\ \text{kg/s} = 14.535\ \text{kg/s}$$

$$\dot{m}_{\mathrm{f}} = \dot{m} - \dot{m}_{\mathrm{o}} = (17.33 - 14.535)\ \mathrm{kg/s} = 2.795\ \mathrm{kg/s}$$

2. 燃烧室和喷管形状计算

喷管的喉部直径为

$$d_{\mathrm{t}} = \sqrt{\frac{4\dot{m}\,(C^{*})_{\mathrm{i}}\xi_{\mathrm{c}}}{\pi p_{1}}} = \sqrt{\frac{4 \times 17.33 \times 2345.6 \times 0.99}{\pi \times 3.5 \times 10^{6}}}\ \mathrm{cm} = 12.1\ \mathrm{cm}$$

燃烧室设计成圆柱形,于是燃烧室圆柱段直径为

$$d_{1} = \sqrt{\varepsilon_{\mathrm{c}}}\,d_{\mathrm{t}} = (\sqrt{3.2} \times 12.1)\ \mathrm{cm} = 21.64\ \mathrm{cm}$$

根据表 5.1 选取燃烧室的特征长度 $L^{*} = 0.7$ m,则燃烧室的容积为

$$V_{\mathrm{c}} = L^{*} \cdot A_{\mathrm{t}} = (70 \times \pi \times 12.1^{2}/4)\ \mathrm{cm}^{3} = 8\,049.3\ \mathrm{cm}^{3}$$

当取收敛半角 $\theta = 25°$ 时,收敛段长度为

$$L_{2} = (d_{1} - d_{\mathrm{t}}) \cdot \cot\theta/2 = [(21.64 - 12.1)\cot 25°/2]\ \mathrm{cm} = 10.23\ \mathrm{cm}$$

由式(5.4)可得圆柱段的长度为

$$L_{1} = \frac{V_{\mathrm{c}} - \dfrac{1}{3}\sqrt{\dfrac{A_{\mathrm{t}}^{3}}{\pi}}\cot\theta(\varepsilon_{\mathrm{c}}^{\frac{3}{2}} - 1)}{A_{\mathrm{t}}\varepsilon_{\mathrm{c}}} =$$

$$\frac{8\,049.3 - \dfrac{1}{3}\sqrt{\dfrac{\left(\dfrac{\pi \times 12.1^{2}}{4}\right)^{3}}{\pi}}\cot 25°(3.2^{\frac{3}{2}} - 1)}{\dfrac{\pi \times 12.1^{2}}{4} \times 3.2}\ \mathrm{cm} =$$

$$15.5\ \mathrm{cm}$$

喷管的出口直径为

$$d_{2} = \sqrt{\varepsilon}\,d_{\mathrm{t}} = (\sqrt{60} \times 12.1)\ \mathrm{cm} = 93.7\ \mathrm{cm}$$

因为要求的喷管效率较高,所以选择钟形喷管,为简便起见,采用抛物线母线的钟形喷管,在此略去具体的型面设计。

3. 喷嘴的设计计算

因为推进剂为液氧和液氢的组合,所以选择同轴式喷嘴,内管为切向孔式离心氧化剂喷嘴,外环为直流式燃料喷嘴。喷嘴计算通常都是先给定喷嘴压降和流量,然后再进行尺寸计算。

喷嘴压降 Δp 一般可根据燃烧室压力确定,通常取 $\Delta p/p_{1} = 15\%\ \sim 20\%$,此外,为改善高频稳定性,避免喷注器面过热,一般使氧化剂喷嘴的压降大于燃料喷嘴的压降,所以本例取 $\Delta p_{\mathrm{o}} = 0.7$ MPa,$\Delta p_{\mathrm{f}} = 0.63$ MPa。

取离心式氧化剂喷嘴的几何特性 $A = 2.5$，氧化剂喷嘴流量系数 $(C_d)_o =$ 0.22，燃料喷嘴的流量系数 $(C_d)_f = 0.56$，假设同轴式喷嘴数 $n_o = n_f = 120$。喷嘴尺寸计算所需要的一些已知参数如下：液氧喷前温度为 90 K，喷前压力 p_o 为4.2 MPa，密度 $\rho_o = 1.14 \times 10^3 \text{kg/m}^3$，气氢的喷前温度为 160 K，喷前压力 p_f 为4.13 MPa，密度 $\rho_f = 6.378 \text{ kg/m}^3$。

由于氧化剂喷嘴是液体喷嘴，所以由流量公式(5.19)可得单个氧化剂喷嘴的面积为

$$A_o = \frac{\dot{m}_o}{n_o (C_d)_o \sqrt{2\rho_o \Delta p_o}} = \frac{14.535}{120 \times 0.22 \times \sqrt{2 \times 1.14 \times 10^3 \times 0.7 \times 10^6}} \text{ m}^2 = 0.137\ 8 \text{ cm}^2$$

液氧喷嘴的内径为

$$d_o = \sqrt{\frac{4A_o}{\pi}} = \sqrt{\frac{4 \times 0.137\ 8}{\pi}} \text{ cm} = 0.42 \text{ cm} = 4.2 \text{ mm}$$

取液氧喷嘴的外直径 D_o 为 5.4 mm。

由离心式喷嘴的几何特性表达式，假设每个喷嘴的切向孔数 $n = 4$，切向孔入口处液体的旋转半径 $R = 2.4$ mm，则切向孔半径 r_{in} 为

$$r_{in} = \sqrt{\frac{R \cdot d_o/2}{A \cdot n}} = \sqrt{\frac{2.4 \times 4.2/2}{2.5 \times 4}} \text{ mm} = 0.7 \text{ mm}$$

氢喷嘴为气体喷嘴，根据气体喷嘴流量公式，可得单个氢喷嘴的面积为

$$A_f = \frac{\dot{m}_f}{(C_d)_f n_f \sqrt{\frac{2k}{k-1} p_f \rho_f \left[\left(\frac{p_1}{p_f}\right)^{\frac{2}{k}} - \left(\frac{p_1}{p_f}\right)^{\frac{k+1}{k}} \right]}} =$$

$$\frac{2.795}{0.56 \times 120 \times \sqrt{\frac{2 \times 1.31}{1.31 - 1} \times 4.13 \times 10^6 \times 6.378 \times \left[\left(\frac{3.5}{4.13}\right)^{\frac{2}{1.31}} - \left(\frac{3.5}{4.13}\right)^{\frac{1.31+1}{1.31}} \right]}} \text{ cm} = 0.161 \text{ cm}^2$$

氢喷嘴的外径为

$$d_f = \sqrt{\frac{4 \times (A_f + \pi D_o^2/4)}{\pi}} = \sqrt{\frac{4 \times (0.161 + \pi \times 0.54^2/4)}{\pi}} \text{ cm} = 0.7 \text{ cm} = 7 \text{ mm}$$

思 考 题

1. 推力室为什么要采取一系列的防热和隔热措施？

2. 推力室中常用的冷却方式有几种？试述冷却机理、优缺点和使用范围。

3. 再生冷却的推力室传热的物理模型如何？请用图来简单表示。

4. 为什么采用再生冷却的液体火箭发动机通常工作在液相传热状态？

5. 对于三股撞击直流喷嘴,撞击后动量向量的方向角是否与推进剂的混合比有关？

6. 涡轮分为几类？每类涡轮都有何特点？

7. 简述泵发生汽蚀的原因及如何避免泵发生汽蚀。

习 题

1. 对具有下列特性参数的液冷式发动机燃烧室采用绝热措施:

管壁厚度	0.381 mm,	气体温度	2 760 K
气壁温度	1 260 K,	室壁传热系数	15 MW/m^2
液膜传热系数	23 kW/m^2,	壁材料	AISI 型 302 不锈钢

在气壁一侧涂 0.02 mm 厚的绝热涂料层,涂料主要由氧化镁粒子组成。这种氧化镁的导热系数为 2.59 W/($m^2 \cdot$ K)。试求出其绝对壁温降和相对壁温降以及传热速度。

2. 一个使用酒精和液氧做推进剂的喷注器,采用多孔式两股互击喷嘴,假设有 4 对射流,每对射流中液氧和燃烧剂射流的夹角($\alpha_o + \alpha_f$) = 60°。已知发动机推力为 113.4 kN,实际比冲为 218 s,燃烧室压力为 2.068 MPa,喷注器入口燃烧剂压力为 2.758 MPa,液氧压力为 2.62 MPa,$(C_d)_o$ = 0.87,$(C_d)_f$ = 0.91,ρ_o = 1.137 g/cm^3,ρ_f = 0.817 g/cm^3,混合比 γ = 1.20。要求撞击后的合动量在推力室轴线方向上,试求喷孔尺寸和角度。

3. 表 5.7 列出了航天飞机主发动机 SSME 中泵的特性,已知液氧的密度为 1.23 g/cm^3,液氢的密度为 0.007 6 g/cm^3,求 4 种泵的比转速。

表 5.7　航天飞机主发动机 SSME 中泵的特性

泵的名称	低压氧化剂泵	低压燃料泵	高压氧化剂泵	高压燃料泵
类型	轴流	轴流	双吸	径向流
叶轮级数	—	—	1	3
流量/(kg·s^{-1})	425	70.4	509	70.4
入口压力/MPa	0.6	0.9	2.7	1.63
出口压力/MPa	2.89	2.09	27.8	41
泵转速/(r·min^{-1})	5 020	15 670	22 300	34 270

4. 一液氧泵出口压力为 6.894 MPa,推进剂的容积流量为 7.022 ft^3/s,液氧的蒸气压为 1.013 MPa,液氧的沸点密度为 1.14 g/cm^3,氧化剂贮箱增压到 0.241 MPa,贮箱初始液面在泵入口以上 15 ft,吸入比转速为 15 000 ft$^{3/4}$/s$^{3/2}$。假设所需的正净吸入压头为有效正净吸入压头的 80%,忽略吸入管道的摩擦和由加速度和推进剂消耗引起的吸入压头的变化,求泵的转速和比转速。提示:1 m = 3.208 ft。

第6章

液体火箭发动机气液系统

在液体火箭发动机中，推力室的工作是由发动机的气液系统保证的。气液系统是气液装置和管路的总和，它们能够保证推进剂组元和气体贮存在飞行器的贮箱中，保证在发动机工作期间将推进剂以一定的压力和流量输送到推力室和燃气发生器内，保证发动机的启动和关闭。

本章介绍了液体火箭发动机的主要气液系统，包括推进剂供应系统、贮箱增压系统、吹除和预冷系统、推进剂利用系统、推进剂的启动和关机系统，其中推进剂供应系统和贮箱增压系统是本章的重点。

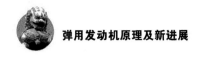

6.1　推进剂供应系统

将推进剂从贮箱输送到推力室的系统称为**推进剂供应系统**(propellant feed system)。液体火箭发动机中使用挤压式和泵压式两种推进剂供应系统。

具体供应系统及其组件的选择主要取决于发动机的用途、发动机的要求、工作时间、推力室数目或类型、以往研制经验以及发动机的一般要求(方案简单、容易制造、成本低、质量小)。一般来说,当总冲或推力相对小、室压较低、发动机推重比较小(小于0.6)、需要反复的短脉冲工作时,挤压式供应系统发动机的性能优于泵压式供应系统发动机的性能。当总冲或推力较大、室压较高时,通常采用泵压式供应系统。

6.1.1　挤压式供应系统

挤压式供应系统(pressure feed system)借助于被输送到贮箱内的挤压气体的压力作用将推进剂输送到推力室或者燃气发生器中。挤压气体可以是预先贮存的气体,也可以在液体火箭发动机工作时由液体燃气发生器或固体燃气发生器生成。图6.1给出了挤压气体的来源。

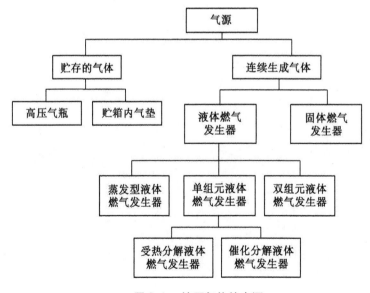

图6.1　挤压气体的来源

采用贮存气体作为挤压气体的挤压式供应系统分为恒压式系统和落压式系统两类。表6.1对这两种系统进行了比较。

表6.1　两种气体挤压系统的比较

类　型	恒压式系统	落压式系统
压力和推力	基本上恒定不变	随推进剂的消耗而减小
气体贮存方式	单独高压气瓶	充在贮箱内,气垫大
所需组件	需减压器、过滤器、气路阀门、气瓶	更大更重的推进剂贮箱
优点	挤压压力恒定,推进剂流量基本恒定,推力、混合比和比冲近似恒定,混合比控制效果好	系统简单; 所需气量小; 能减少消极质量
缺点	稍微复杂; 减压器有少量压降; 气体贮存压力高; 工作时间较短	推力随工作时间下降; 有时因混合比控制精度差,导致残余推进剂多; 发动机需在很宽的推力范围和一定的混合比范围内稳定工作

依靠固体推进剂装药燃烧生成气体的装置称为固体燃气发生器。依靠液体推进剂组元低温燃烧、分解或蒸发产生气体的装置称为液体燃气发生器。如果液体燃气发生器中的产物是在氧化剂多余的情况下产生的,则燃气发生器的产物就是富氧的,如果是在燃烧剂多余的情况下产生的,则燃气发生器的产物就是富燃的。

对挤压气体提出的主要要求有:贮存时高的气体密度、挤压时低的气体相对分子质量,与被挤压的推进剂组元有最小的溶解性,与推进剂组元间有最低的化学活性,没有固体和液体杂质等。

下面讨论几种典型的挤压式供应系统。

1. 带有高压气瓶的挤压式系统

在带有高压气瓶的挤压式系统(图6.2)中,可以使用空气、氮气、氦气和其他的一些气体作为挤压气体。空气的主要缺点是空气中存在氧和相对较高的沸点,因此它不能用作挤压低温推进剂。利用氦气可以挤压出所有目前存在的液体推进剂。

带有高压气瓶的挤压式供应系统得到了广泛的应用,其原因是该系统虽然具有相对大的尺寸和质量,但系统结构简单、可靠性高,同时它能够保证相对简单地实现发动机的多次启动。特别是对于航天器使用的液体火箭发动机,由于存在小的反压,因此,即使推进剂供应系统具有相对不大的压力,也可以通过增加喷管的扩张比来保证达到足够大的比冲。但是,应该注意的是降低推力室压力和提高喷管的扩张比都会引起液体火箭发动机推力室质量和尺寸的相应增加,这就削弱了由于降低供应压力而使贮箱质量减轻的优势。

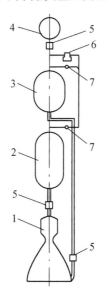

1—推力室;2—氧化剂贮箱;3—燃料贮箱;4—高压气瓶;5—启动断流阀;6—减压器;7—单向阀

图6.2　带有高压气瓶的恒压式供应系统

2.带有燃气发生器的挤压式系统

对于单组元液体燃气发生器,使用单组元推进剂作为挤压气体的来源。根据推进剂的类型不同,推进剂的分解可以通过催化或加热的途径来实现。

在双组元液体燃气发生器中,挤压气体是靠两种推进剂组元在富氧或富燃的情况下燃烧而得到的,气体的温度由进入液体燃气发生器中的推进剂组元的混合比决定。图6.3给出了相应的方案。为了防止在贮箱中发生挤压气体与推进剂组元的反应,可以采用两个液体燃气发生器,其中一个以富燃的方式工作,产生能和燃料相容的挤压气体,而另一个以富氧的方式工作,产生能与氧化剂相容的挤压气体。

固体燃气发生器有亚临界和超临界两种。在亚临界固体燃气发生器中,燃气发生器燃烧室内的压力等于推进剂贮箱内的压力。在超临界固体燃气发生器中,通过连接固体燃气发生器和推进剂贮箱的气体通道上的带有临界截面的喷管装置来保证推进剂贮箱压力和燃气发生器内的压力之比小于临界压力比,在这种燃气发生器中,固体推进剂装药在高压下燃烧,因此燃烧的稳定性高于亚临界固体燃气发生器,并且推进剂供应系统工作时出现的偶然的压力变化不会对装药的燃烧状态产生影响。超临界固体燃气发生器在液体火箭发动机中使用得更普遍,它还广泛地用于涡轮泵组件的启动。

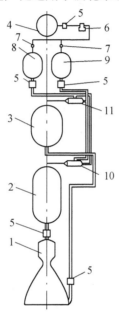

1— 推力室;2— 氧化剂贮箱;3— 燃料贮箱;4— 高压气瓶;5— 启动断流阀;6— 气体减压器;7— 单向阀;8— 发生器的氧化剂贮箱;9— 发生器的燃料贮箱;10— 增压氧化剂贮箱用的燃气发生器;11— 增压燃料贮箱用的燃气发生器

图6.3　挤压气体来自燃气发生器的挤压系统

挤压式供应系统结构简单、工作可靠,但由于推进剂贮箱必须承受高的内压,因而本身比较笨重。这种系统常在航天器的姿态控制发动机中使用。有时为了确保载人飞行的可靠性,虽然发动机推力较大,但也采用挤压式供应系统,如阿波罗飞船的服务舱发动机、下降级及上升级发动机等。

6.1.2　泵压式供应系统

泵压式供应系统(turbopump feed system)靠泵来输送推进剂,而泵又靠涡轮驱动。涡轮泵组件是泵压式供应系统所不可缺少的,它是这类发动机的特点。泵压式推进剂供应系统的循环方案有:**燃气发生器循环**(gas generator cycle)、**膨胀循环**(expander cycle)、**分级燃烧循环**(staged combustion cycle)和**全流量补燃循环**(full flow stage combustion cycle)。

1. 燃气发生器循环

燃气发生器循环方案是指由燃气发生器产生驱动涡轮的燃气,并且驱动涡轮的那部分燃气不再进入推力室中燃烧,而是直接从小面积比的涡轮排气管中排出或者通过喷管扩张段的开口注入发动机的主气流中。在燃气发生器循环中,燃气发生器可以采用单组元燃气发生器,也可以采用双组元燃气发生器。

图 6.4 示出的是使用双组元燃气发生器循环的涡轮泵压式供应系统,泵后部分氧化剂和燃料进入双组元燃气发生器中燃烧,产生驱动涡轮的工质,即燃气发生器利用主推进剂工作。为了使燃气发生器中燃烧产物的温度适合涡

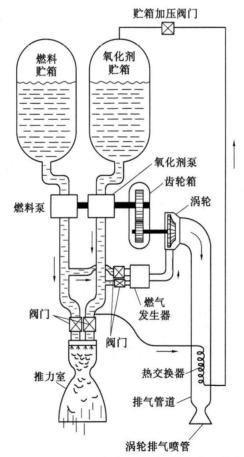

图 6.4 使用双组元燃气发生器循环的涡轮泵供应系统

轮的要求,通过控制燃气发生器中推进剂的混合比来保证燃气温度在 700 ~ 900 ℃ 的范围内。由于双组元燃气发生器系统不需另带辅助推进剂和贮箱,使结构得到一定的简化,因而被广泛使用。

　　图 6.5 所示的是单组元燃气发生器循环的涡轮泵供应系统,它利用辅助推进剂产生涡轮工质。苏联东方号运载火箭的第一级发动机就是采用的这种系统,发动机中主推进剂为液氧／煤油,辅助推进剂为质量分数为 82% 的过氧化氢。涡轮利用过氧化氢在单组元燃气发生器中催化分解产生的气体工作。这种系统要求发动机本身携带过氧化氢贮箱和将过氧化氢挤压到燃气发生器的高压气瓶中,因此系统较复杂,质量大。在单组元燃气发生器系统中,产生涡轮工质的推进剂也可以利用主推进剂中的一种组元。例如苏联宇宙运载火箭的第二级发动机,采用的推进剂为液氧／偏二甲肼,涡轮工质利用单组元燃气发生器中偏二甲肼热催化分解产生涡轮工质。

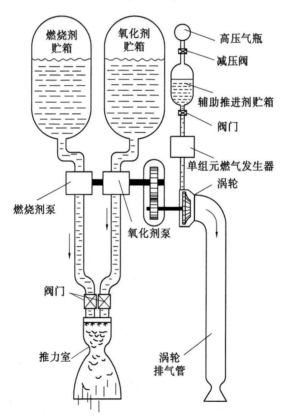

图 6.5　单组元燃气发生器循环的涡轮泵供应系统

　　燃气发生器循环相对比较简单,液路管道和泵的压力相对较低,涡轮或燃气发生器的流量较小(通常为推进剂总流量的1%～4%),是使用得最多的一种泵压式循环。在该循环中,由于将涡轮工质直接排放到大气中,会造成一定的比冲损失。例如,对于一个燃烧室压力为7 MPa的发动机来说,涡轮排气造成的比冲损失为1%～1.5%。随着燃烧室压力的增加,这种损失将变得更大,这将抵消提高燃烧室压力带来的好处。因此,使用燃气发生器循环的发动机燃烧室压力一般在4～15 MPa之间。

2. 膨胀循环

　　膨胀循环通常用在以液氢作为燃料的发动机中,如图6.6所示。液氢经冷却夹套吸热后变成过热氢气,氢气在进入主推力室之前,先被引出去驱动涡轮,从涡轮排出之后再喷入发动机燃烧室中,在燃烧室内与氧化剂混合并燃烧,燃烧产生的气体通过发动机排气喷管高效膨胀后排出。膨胀循环的主要优点是比冲高、发动机简单、发动机质量相对小。但由于冷却套对液氢的加热量有限,使其对涡轮的做功能力受到限制,从而限制了燃烧室压力的提高,一般燃烧室压力为7～8 MPa。当燃烧室压力更高时,就不宜采用这种循环了。

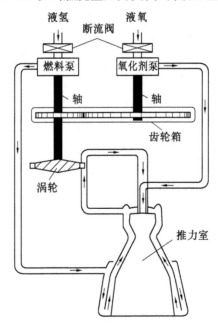

图6.6　膨胀循环的涡轮泵供应系统

3. 分级燃烧循环

分级燃烧循环又称高压补燃循环,在该循环中,将一种推进剂组元的全部流量和另一种推进剂组元的部分流量输送到预燃室中燃烧,产生低温燃气以驱动涡轮,从涡轮排出的燃气引入燃烧室中,与剩余部分的推进剂进行补燃。图6.7示出了分级燃烧循环的示意图。

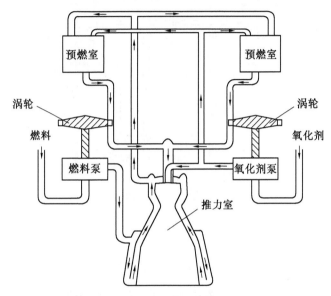

图6.7   分级燃烧循环的涡轮供应系统

高压补燃循环可以采用富氧预燃室,如俄罗斯RD120发动机(使用液氧/煤油推进剂)和俄罗斯RD253发动机(使用四氧化二氮/偏二甲肼推进剂),也可以采用富燃预燃室,如航天飞机主发动机(使用液氢/液氧推进剂)。在这种循环中涡轮工质的流量相当大,使涡轮的功率大大提高,因而允许选取很高的燃烧室压力来获得高性能。虽然这种方案无外排能量损失,性能高,但结构布局很复杂,通常用在高压大推力发动机系统上。

4. 全流量补燃循环

全流量补燃循环是在分级燃烧循环基础上发展起来的,所谓全流量可以这样理解:其所有流量的燃料和氧化剂经过泵以后全部进入预燃室;其中大部分流量的燃料和少部分流量的氧化剂输送到富燃预燃室中进行燃烧,产生富燃燃气用以驱动高压燃料涡轮;剩余的大部分流量氧化剂和少部分流量燃料输送到富氧预燃室中进行燃烧,产生富氧燃气用来驱动氧化剂涡轮;然后从涡轮里排出的富燃燃气和富氧燃气喷入主燃烧室进行补燃。全流量补燃循环较一般分级循环涡轮工质流量更大,涡轮的功率进一步提高,使得在相同的涡轮驱动功率下,涡轮的工作温度有所下降[25-26]。美国研制的 RS – 2100 发动机就采用全流量补燃循环,该发动机采用液氧／液氢推进剂。图 6.8 给出了全流量补燃循环的涡轮泵供应系统示意图。

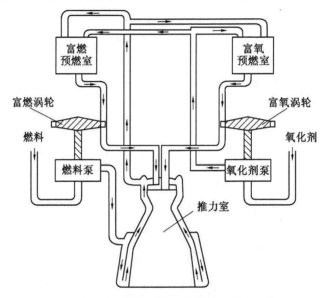

图 6.8　全流量补燃循环的涡轮泵供应系统

　　上面阐述的泵压式推进剂供应系统的 4 种循环方案中,除燃气发生器循环属于开式循环外,其余都属于闭式循环。所谓**开式循环**(open cycle)是指经涡轮工作后的工质直接排入周围环境中或者通过发动机喷管扩张段的开口进入主气流中,不再燃烧。而**闭式循环**(closed cycle)是指经涡轮工作后的工质还要再进入燃烧室中,和燃烧室中的其他推进剂一起进一步燃烧。由于经涡轮工作后的工质具有一定的能量,因此这部分能量的再利用能够使发动机获得更高的比冲。相比于闭式循环,开式循环虽然燃烧室的压力较低,且有一定的比冲损失,但其研制成本低,仍然得到广泛的应用。

6.1.3　燃气发生器循环的输送关系

　　通过对图 6.4 的分析可知,流经燃料泵和氧化剂泵的质量流量 $\dot{m}_f$ 和 $\dot{m}_o$ 必定分别等于对应推进剂组元流经燃气发生器的质量流量和流经燃烧室的质量流量之和,即

$$\dot{m}_o = (\dot{m}_o)_{gg} + (\dot{m}_o)_c \tag{6.1}$$

$$\dot{m}_f = (\dot{m}_f)_{gg} + (\dot{m}_f)_c \tag{6.2}$$

$$\dot{m}_c = (\dot{m}_o)_c + (\dot{m}_f)_c \tag{6.3}$$

$$\dot{m}_{gg} = (\dot{m}_o)_{gg} + (\dot{m}_f)_{gg} \tag{6.4}$$

式中　$(\dot{m}_o)_{gg}$、$(\dot{m}_f)_{gg}$——流经燃气发生器的氧化剂质量流量和燃料质量流量；

$(\dot{m}_o)_c$、$(\dot{m}_f)_c$——进入推力室的氧化剂质量流量和燃料质量流量；

$\dot{m}_c$——进入推力室的推进剂质量流量；

$\dot{m}_{gg}$——流经燃气发生器的推进剂质量流量。

在涡轮泵中转矩、功率和轴速度必须匹配。轴速 n 的平衡关系可简单地表示为

$$n_T = a_o n_o = a_f n_f \tag{6.5}$$

式中　n_T——涡轮的轴速；

n_o、n_f——氧化剂泵和燃料泵的轴速；

a_o——涡轮和氧化剂泵之间的齿轮传动比；

a_f——涡轮和燃料泵之间的齿轮传动比。

如果不用齿轮,则有 $a_o = a_f = 1$。

所谓功率平衡,即涡轮功率 P_T 等于泵和辅助设备消耗功率之和。功率表示为转矩 L 和轴速 n 的乘积,即

$$P_T = L_T n_T = L_o n_o + L_f n_f + P_b \tag{6.6}$$

式中　P_b——轴承、密封、摩擦和传动功率损失。

如果实际涡轮泵没有齿轮,则

$$n_T = n_o = n_f \tag{6.7}$$

$$L_T = L_o + L_f + L_b \tag{6.8}$$

在燃烧剂管路中,泵下游某点处的压力平衡方程可表示为

$$(p_f)_d = (p_f)_s + (\Delta p)_p = (\Delta p)_{\text{主燃烧剂系统}} + p_1 = (\Delta p)_{\text{燃气发生器系统}} + p_{gg} \tag{6.9}$$

即燃烧剂输出的压力 $(p_f)_d$ 等于燃烧剂入口压力 $(p_f)_s$ 加上经过泵的压力增量 $(\Delta p)_p$,也等于燃烧室压力 p_1 加上泵下游主燃烧剂系统所有的压力降,也等于燃气发生器中的压力 p_{gg} 再加上燃气发生器与燃烧剂泵下游之间管道的全部压力降。主燃烧剂系统的压力降常包括冷却夹套压力降和喷注器压力降。

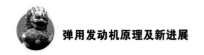

6.2 贮箱增压系统

挤压式供应系统与泵压式供应系统都需要有为贮箱增压的系统,但是它们的增压系统有所不同。对于挤压式供应系统来说,贮箱增压系统就是挤压供应系统的一部分,增压系统的作用是保证供应系统的贮箱内具有将推进剂挤压进推力室的较高压力,通常为 1.3 ~ 12 MPa,而在泵压式供应系统中,增压系统与输送系统是分开的,增压系统的作用是保证供应系统的贮箱内有一个较小的压力以避免泵的气蚀,通常贮箱内的压力仅为 0.07 ~ 0.35 MPa。下面主要讨论泵压式液体火箭发动机中的贮箱增压系统。

6.2.1 气瓶增压系统

图 6.9 示出了某液体火箭发动机的贮箱增压系统,其氧化剂贮箱和燃料贮箱各有一套独立的气瓶增压系统,增压系统均由高压气瓶组、充气开关、减压器、电爆阀、单向阀、氮气加温器和保险阀组成。增压气体采用氮气,球形气瓶是用于贮存氮气的,气瓶内的压力为 20 MPa。充气开关用于控制气瓶组的充气和放气,平时充气开关关闭。减压器用于将气瓶组内的高压(20 MPa)氮气降为具有稳定的工作压力(3 MPa)的氮气,以给推进剂贮箱增压。单向阀的作用是防止贮箱内的氮气在增压管路中倒流。氮气加温的目的是为了减少氮气的用量和气瓶数,以减轻质量。

发动机启动前,重要的准备程序之一就是给贮箱增压,此时给电爆阀的电爆管通电,电爆阀打开,气瓶组内高压氮气经过电爆阀门、减压器、氮气加温器,冲破隔离膜片,经增压溢出管给贮箱增压。当贮箱内的压力超过额定值时,保险阀自动打开泄压,当贮箱内的压力低于额定值时,保险阀在弹簧力作用下自动关闭。

在气瓶增压系统中,高压气瓶中的压力通常为 20 ~ 35 MPa,增压气体常为氮气或氦气等惰性气体。气瓶增压系统的优点是增压系统的工作与液体火箭发动机其他系统的工作是不相关的,其缺点是增压系统的质量和尺寸大,限制了气瓶增压系统的使用。

在气瓶增压系统中,最先从高压气瓶排出的气体的温度等于环境温度。若高压气体迅速膨胀,则气瓶内剩余的气体基本上经历一个等熵膨胀过程,气体温度持续下降,最后排出的一部分增压气体的温度要远低于环境温度,它迅速地从气瓶壳体与管路吸收热量。焦耳-汤姆孙效应将导致温度进一步有一个小的变化。

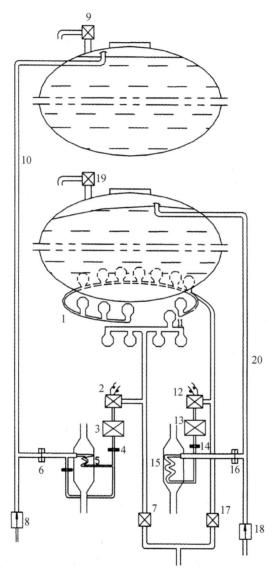

1、11— 气瓶组；2、12— 电爆阀；3、13— 减压器；4、14— 限流环；5、15— 氮气加温器；6、16— 隔离膜片组件；7、17— 充气开关；8、18— 增压单向阀；9、19— 保险阀；10、20— 增压溢出管

图6.9　某液体火箭发动机的贮箱增压系统

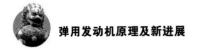

在能量守恒基础上,可对推进剂贮箱增压进行简化分析。假设过程是绝热的(气体与壳体壁面无传热)、理想气体、管路和贮箱中的初始气体质量忽略不计。推进剂排出前后气体的能量守恒方程为

$$m_g c_V T_g + m_p c_V T_p + p_p V'_p = m_0 c_V T_0 \tag{6.10}$$

式中　　m_g——某瞬时气瓶内气体的质量;

　　　　c_V——比定容热容;

　　　　T_g——某瞬时气瓶内气体的温度;

　　　　m_p——某瞬时贮箱内气体的质量;

　　　　T_p——某瞬时贮箱内气体的温度;

　　　　V'_p——贮箱内气体的体积;

　　　　m_0——初始时刻气瓶内气体的质量;

　　　　T_0——初始时刻气瓶内气体的温度;

　　　　p_p——贮箱压力;

　　　　$p_p V'_p$——气体移动推进剂所做的功。

将式(2.1)和式(2.4)代入式(6.10),得

$$\frac{c_V p_g V'_0}{R} + \frac{c_V p_p V'_p}{R} + p_p V'_p = m_0 c_V T_0$$

$$m_0 = \frac{p_g V'_0 + p_p V'_p k}{R T_0} \tag{6.11}$$

上式可表示为

$$m_0 = \frac{p_g m_0}{p_0} + \frac{p_p V'_p}{R T_0} k = \frac{p_p V'_p}{R T_0}\left(\frac{k}{1 - p_g/p_0}\right) \tag{6.12}$$

式中　　p_g——某瞬时气瓶内气体的压力;

　　　　p_0——初始时刻气瓶内气体的压力;

　　　　R——气体常数;

　　　　k——比定压热容与比定容热容之比。

对增压气体加热可减少所需的贮存气体的质量和气瓶的质量,加热可通过在气路管道设置换热器来实现。来自发动机排气、推力室或其他装置的热量均可作为加热能量。贮存气体质量的节省量在很大程度上与换热器类型、设计方案及工作时间有关。

若高压气体膨胀缓慢(如在长时间内做多次短脉冲工作的姿态控制推进系统),则气体膨胀过程接近等温过程,气体从飞行器吸收热量,气体温度不会明显下降,此时 $T_0 = T_g = T_p$。实际发生的过程介于绝热与等温过程之间,与

具体飞行条件有关。

容器、管路、液体推进剂的加热与冷却对增压气体的影响需要做迭代分析。分析时需考虑来自飞行器热源的传热效应、贮箱内推进剂的蒸发以及气瓶向大气或空间的散热,相当复杂。因此气瓶设计时需要为这些因素以及环境温度变化、气体在推进剂中的溶解考虑适度的增压气体余量。故式(6.12)只在理想状态下成立。

6.2.2 推进剂汽化增压系统

推进剂汽化增压是利用火箭发动机自身携带的液体推进剂,经换热器汽化后变为蒸汽,用来给推进剂贮箱增压。该增压系统适用于热稳定性好的低沸点推进剂(如四氧化二氮)和低温推进剂,如液氢、液氧、液氟等。

如图6.10所示,以氧化剂贮箱增压系统为例,它是用汽化的氧化剂来增压,增压系统由单向阀门、蒸发器、膜片阀及导管组成。

工作时,从氧化剂泵出口引出一部分氧化剂,经换热器(也称蒸发器)加热后变为蒸气,引入氧化剂贮箱进行增压。换热器的热源来自涡轮排出的燃气,管路中的汽蚀管用以调节控制流量,单向阀位于换热器上游,用来防止氧化剂在未达到一定压力时就流入蒸发器。膜片阀位于换热器下游,用来隔离贮箱与增压系统,防止加注后贮箱内推进剂蒸气进入增压系统造成腐蚀。

6.2.3 化学增压系统

利用化学反应产物给推进剂贮箱增压的方法称为**化学增压**(chemically generated gas pressurization)。这种方法要求反应产物与推进剂及贮箱材料有较好的相容性,燃气温度不能过高,一般用富燃燃气增压燃料贮箱,富氧燃气增压氧化剂贮箱。

化学增压系统有多种方案。图6.10中燃料贮箱的增压就属于化学增压系统,增压所用的燃气来自为驱动涡轮提供工质的燃气发生器。增压系统由燃气降温器、单向阀门及导管等组成。其工作原理是从燃气发生器出口引出的一小股富燃燃气,在燃气降温器中被燃料冷却后再引出,通过导管进入燃料贮箱进行增压。单向阀位于换热器的下游,以防止贮箱内的气体倒流。由于这种增压系统中使用了燃气降温器,给燃气发生器产生的富燃燃气降温,所以也称燃气降温增压系统。化学增压系统还可以采用单组元液体燃气发生器产生增压气体,对于这种增压系统,若贮箱中的推进剂具有低的化学稳定性和热稳定性,则必须采取专门的措施以避免增压气体与推进剂接触,这些措施包括

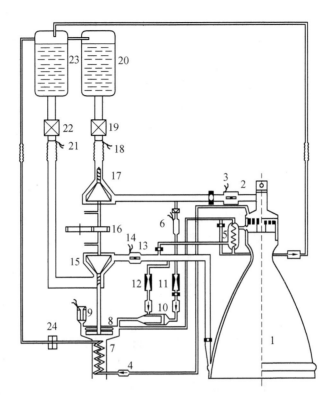

1—推力室;2—氧化剂主阀;3—电爆管;4—单向阀;5—燃气降温器;6—氧副断流阀;
7—氧化剂蒸发器;8—涡轮;9—火药启动器;10—燃气发生器;11—氧副汽蚀管;12—燃
料副系统汽蚀管;13—燃料主阀;14、18、21—电爆管;15—燃料泵;16—齿轮箱;17—氧化
剂泵;19—氧化剂启动阀;20—氧化剂贮箱;22—燃料启动阀;23—燃料贮箱;24—膜片阀

图6.10 气化增压系统和燃气降温增压系统

使用弹性气囊和弹性膜等。另一种方案是氧化剂贮箱和燃料贮箱均采用化学
增压系统。在这种系统中通常使用两个液体燃气发生器,其中一个产生富氧
气体,用来增压氧化剂贮箱,另一个产生富燃气体,用来增压燃料贮箱。

6.3 吹除与预冷系统

为了保证液体火箭发动机工作的正常进行,对于液氧/液氢发动机来讲,
必须有**吹除系统**(purging system)与**预冷系统**(chilldown system)。对于运载
火箭的上面级和需要多次启动的发动机,每次发动机关机后,必须将主阀门后

管路和腔道中的残余推进剂进行吹除。

6.3.1　吹除系统

由于液氧／液氢推进剂都是低温推进剂,尤其是液氢,其沸点仅为20 K左右。在加注前,如果贮箱、发动机管路和腔道内有空气存在,液氢就可能与空气中的氧发生化学反应,很可能引起爆炸;另外由于低温的氢很可能使空气中的氧与水蒸气冻结,水蒸气结冰后会导致阀门及其他组件动作失灵及孔道堵塞等事故发生。所以对氢氧发动机,在液氧／液氢推进剂加注前,必须用氮、氦等惰性气体对推进剂贮箱及发动机系统进行吹除和置换。

吹除口的确定应根据发动机系统的具体情况来选择,要防止出现吹除不到位的"死角",特别是涡轮泵的轴承密封、阀的作动腔和波纹管等部位。

液氧／液氢发动机不仅在启动前要进行吹除,在关机后也需要及时吹除。

对于地面试车,液体火箭发动机要重复启动试车。首试后,必须采取吹除措施,因为试车关机后,推力室壁温较高,而推力室头腔和喷注器面板温度较低,如果不及时吹除,低温的金属件将把湿气吸附在壁面而冻结,严重影响再试车的进行。

对于飞行中多次启动的发动机,关机后的发动机要及时吹除,这主要考虑再次启动的安全及减小后效冲量和后效冲量偏差。

6.3.2　预冷系统

对于使用低温推进剂的液体火箭发动机,要设置预冷系统。预冷的目的是将推进剂供应系统管路、腔道等组件的温度降到低于低温推进剂的沸点的温度,以防止低温推进剂流入发动机供应系统管路和腔道时受热而发生汽化,避免推进剂气相和液相两相流流入泵和推力室内,发生泵失速、推进剂流量和压力波动、启动延缓及推力室因富氧而烧蚀等不良后果。低温液体火箭发动机预冷方式主要有排放预冷和循环预冷两类,循环预冷又可分为自然循环和强制循环两种。

1. 排放预冷(bleed precooling)

排放预冷是指低温冷却剂流经输送管路与涡轮泵腔,对输送管管壁和涡轮泵体冷却后,从发动机预冷泄出阀排到发动机外。预冷用的低温冷却剂可以是发动机所用的推进剂或液氢、液氮等。日本的 LE-5、LE-7 液氢/液氧发动机,我国长征 3 号运载火箭使用的 YF73 和 YF75 液氢/液氧发动机都是采用排放预冷。

2. 自然循环预冷(natural recirculation precooling)

在发动机预冷回流阀前引出一段管路(回流管),接入贮箱,如图 6.11(a)所示。预冷开始后,推进剂从贮箱流入输送管路,经泵前阀、泵腔、冷却发动机及管路后由回流管流回至贮箱。在该系统中无外加驱动装置,流动仅由回流管与输送管内推进剂的密度差驱动。自然循环预冷是今后低温液体火箭发动机预冷的发展趋势[27],俄罗斯的 RD170 液氧煤油发动机、NK33 液氧煤油发动机都是采用自然循环预冷。

3. 强制循环预冷(forced recirculation proecooling)

强制循环预冷主要有加循环泵和引射器两种。常在自然循环预冷过程中,与氦气引射装置形成组合循环模式。在一定场合,尤其是对氢氧发动机的氢系统循环,可采用在发动机入口与推进剂贮箱之间的加循环泵,借助于循环泵使贮箱内的推进剂按一定流量输出,对发动机管路和涡轮泵等进行预冷,然后推进剂又经回流管流回贮箱,如图 6.11(b)所示。美国航天飞机的主发动机 SSME 采用强制循环预冷。

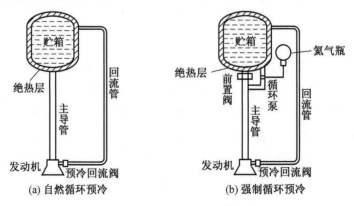

图 6.11　循环预冷原理图[28]

表 6.2 给出了排放预冷、自然循环预冷和强制循环预冷 3 种常用预冷方式的比较。

表 6.2　3 种预冷方式的比较[28]

因素	排放预冷	自然循环预冷	强制循环预冷
预冷时间	短	长	短
推进剂消耗量	大	小	小
预冷温度	低	稍高于其他两种方式	低
系统复杂度	箭上部分简单，但需要地面设备支持	不需要地面设备，系统简单	不需要地面设备，但箭上部分较复杂
射前操作	复杂	简单	较复杂
点火时间	不灵活	可灵活调节	可灵活调节
系统可靠性	高	高	低
主要适用范围	均可	发动机氧系统	发动机氢系统和上面级发动机

6.4　液体火箭发动机的启动与关机

6.4.1　发动机的启动

从发出启动指令到进入主级工况的过程称为启动。在启动时将经历一系列程序和与其有关的过程来保证发动机从启动准备状态过渡到主级工况状态。启动时，在燃烧室和发动机装置中将存在不稳定过程，这一过程的流动条件将决定液体火箭发动机的可靠性和使用性能。例如，启动时发生的水击能够破坏液体火箭发动机的额定工作状况，甚至导致发动机损坏。因此保证可靠启动是发动机重要的工作阶段，液体火箭发动机大部分故障都发生在启动段。

在临近液体火箭发动机启动前，飞行器应该处于启动准备状态。通常液体火箭发动机在启动时完成以下程序：① 将推进剂贮箱增压到指定的压力并打开启动阀门，推进剂组元充填泵前导管和泵的内腔，对于使用低温推进剂组元的液体火箭发动机，充填前需冷却推进剂管路，使推进剂供给系统进入指定工作状态(涡轮泵起旋)；对于使用非自燃推进剂的液体火箭发动机，在推力室和燃气发生器内产生初始的点火火焰，以保证进入推力室和燃气发生器中的启动推进剂点燃。② 打开推力室氧化剂、燃料供应管路上的主阀门，保证推组元进入燃烧室和燃气发生器等。

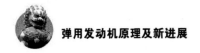

上述所列的操作是典型的,但不是对于任何类型的液体火箭发动机都是必须的,可以根据具体给定的要求,对上述操作进行增加或减少。

泵压式发动机中,启动涡轮泵的方案按所需能源的提供方式不同,可分为自身启动、外能源启动和抽氢启动。

（1）自身启动。

自身启动方案不需要附加启动装置。推进剂在贮箱压力及液柱压头作用下进入燃气发生器,经点火产生燃气来驱动涡轮。随着涡轮的转动,泵后压力逐渐升高,又使燃气发生器的流量逐渐增加,使涡轮泵迅速达到额定工况。这种启动方案系统简单,特别适合补燃发动机,但是燃气发生器必须具备能在较低的喷嘴压降下稳定工作的能力。

（2）外能源启动。

最常用的外能源启动方案有火药启动器启动和气瓶启动两种。

① 火药启动器启动。火药启动器的启动方案是利用火药的燃气驱动涡轮,待涡轮泵加速到一定转速,泵后压力达到一定值后,再由燃气发生器点火接替工作。采用这种启动方案时系统也较简单,工作可靠,启动加速性较好,不足之处是启动器质量较大。这种启动方式在一次使用的无补燃发动机上广泛应用。

② 气瓶启动。气瓶启动方案利用瓶装的压缩气体驱动涡轮。由于启动涡轮所需的能量较大,故气瓶的容量较大,质量也较大。气瓶启动在液氧 - 液氢发动机上可以实现多次启动。在第一次启动时,氢气源由地面充气装置供给。第一次启动后,把从冷却套出口引出的少量氢气充入启动气瓶,以备下次启动用,因而只用一个气瓶就可实现多次启动。

（3）抽氢启动。

抽氢启动方案只适用于液氧 - 液氢发动机,特别适用于膨胀循环的发动机。启动时,流经推力室冷却套的液氢在流经冷却室壁时受热汽化,故可用来启动涡轮。由于氢的相对分子质量很小,因此被加热的氢气足以使较小的发动机的涡轮泵启动加速。

对燃气发生器循环的液氧 - 液氢发动机,也可采用抽氢启动方案。启动时,首先在贮箱压力下点燃燃烧室点火器,然后打开主阀,推进剂流入燃烧室并在低压下燃烧。流经冷却套的液氢被加热、汽化。部分氢气通过启动阀进入涡轮,使涡轮泵转动起来,当泵后压力达到一定值时,关闭启动阀,燃气发生器工作,发动机迅速达到额定工况。这种启动方案没有附加的启动装置,因而系统简单,并可进行多次启动。

6.4.2　推进剂组元的点火

推进剂组元的点火是指当推进剂组元是非自燃推进剂时,在燃烧室或燃气发生器内产生初始的点火火焰的过程。推进剂组元的点火应保证不发生脉动、压力突升、熄灭或爆炸等现象。表征点火过程最重要的参数就是点火延迟期或称点火时滞,它是指从两种组元接触到压力开始急剧升高为止的这段时间间隔。点火时滞越短,着火前燃烧室或燃气发生器腔内组元积聚越少,启动特性将越平稳。影响点火时滞的因素有:① 推进剂组元的化学成分及其化学活性;② 推进剂的混合特性;③ 氧化剂和燃料进入燃烧室的相对超前时间。

推进剂组元的点火方案主要有化学点火、火药点火和电点火3种。

1. 化学点火

启动时用自燃组元点火,然后切换成非自燃的主推进剂。如图6.12所示,主推进剂是非自燃推进剂液氧和煤油,启动用的能与液氧自燃的燃料装在启动燃料贮箱中,推力室头部装有启动用的双组元喷嘴。在高压气瓶压力的作用下,启动燃料贮箱中的燃料经启动喷嘴进入燃烧室与液氧混合自燃,完成

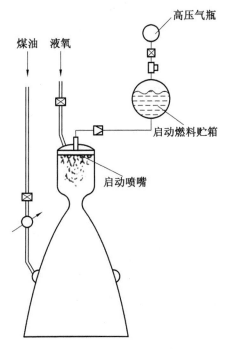

图6.12　化学点火方案

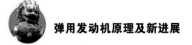

推进剂组元的点火。该方案可实现发动机在空中的多次点火。

2. 火药点火

采用火药点火装置点火。火药点火装置可直接装在发动机燃烧室和燃气发生器头部,对于运载火箭第一级发动机,火药点火装置可直接固定在发射台上,对于上面级发动机,火药点火装置可以固定在喷管堵盖上。

3. 电火花点火

对于以液氢／液氧为推进剂的氢氧发动机通常使用高压电火花塞点火。如图6.13所示,电点火室装在燃烧室或燃气发生器的头部中央孔座上,将汽化的启动组元喷入电点火室,靠点火室内的电火花塞点燃启动组元,启动火焰进入燃烧室后点燃主推进剂。

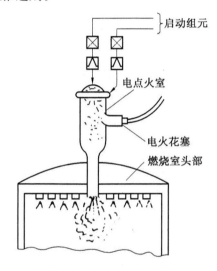

图 6.13　电火花点火方案

6.4.3　发动机的关机

液体火箭发动机的关机是指从发出关机指令到推力下降到零期间的过渡过程。发动机关机是必不可少的环节,例如当火箭达到所需的速度后、航天器完成必需的机动飞行后、在试车台上完成试验或出现故障时等,都需要关机。关机的方法和各种操作取决于对液体火箭发动机提出的要求,而这些要求与飞行器的使用条件和功能有关。

根据对火箭系统提出的要求不同,可分为以下几种关机方式:推进剂消耗完后关机、保证最小后效冲量的关机、故障关机和多次关机。飞行器主动飞行段上使用的一次工作的液体火箭发动机通常采用第一种关机方式,例如弹道导弹上液体火箭发动机的关机。

保证最小后效冲量的关机方法与第一种关机方法不同之处在于,前者在给定的情况下,提出了保证后效冲量最小的附加要求。所谓后效冲量是指从发出关机指令开始,到推力下降至零这段时间内产生的推力冲量。图 6.14 给出了关机时典型的推力衰减特性。首先,从发出关机指令到主阀关闭,已进入燃烧室内的推进剂要延迟一段时间才能转变为燃气,即存在燃烧时滞 Δt_1,所以全部过程沿时间轴向右移,推力维持不变。其次发出关机指令后,由于控制电路的惯性,阀门要经历 Δt_2 时间才开始动作,在这段时间内推进剂流量和推力也是不变的。经过 Δt_2,阀门开始关闭,这时阀门流通截面积发生变化,流量及推力也随之改变。由于阀门的惯性,还需经历 Δt_{2v} 时间才完全关闭。阀门完全关闭后,燃烧室中的燃气在压差作用下很快"倒空",燃烧室压力急剧下降,此过程经历的时间为 Δt_3。图中的 Δt_4 对应残余推进剂的蒸发、补燃过程,是由主阀至喷注器头腔剩余推进剂流入燃烧室的不稳定过程形成的。当燃烧室压力降到低于推进剂组元的饱和蒸汽压时,头腔中的推进剂在饱和蒸汽压作用下进入燃烧室。由于两种组元的饱和蒸汽压不同,先进入的先蒸发并排出,产生一部分推力;当两种组元都进入时,则发生燃烧。在此阶段燃烧室中的混合比是变化的,常偏离最佳值,且燃烧很不稳定,易发生关机故障。由于该过程处于非控制状态,故直接影响后效冲量的偏差。减小后效冲量可采用以下方法:

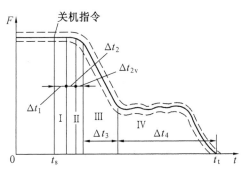

图 6.14　关机时典型的推力衰减特性

(1) 减小关机时的发动机推力。

减小关机时的发动机推力,可使图 6.14 上的曲线下移,面积缩小,整个后效冲量也相应减小。

对大推力发动机,可以采用分级关机的方法,即先使发动机转入末级工

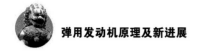

作,末级推力一般可取主级推力的 10% ~ 50% 。当达到所要求的末速度时,再进行末级关机。

对有姿态控制发动机的系统,则在主发动机关机后,让姿控发动机继续工作一段时间(相当于末级,又称末速修正)后再关机,可大大减小后效冲量及其偏差。对多机并联的发动机组,则可采用分组关机的方式。

(2)减短管路、减少阀门作动时间。

利用气压、液压系统操纵关机时,应尽量使管路减至最短,利用电爆管可迅速关闭主阀,大大缩短主阀关闭时间,但应注意,快速关闭主阀会出现水击现象,严重时会导致管路破坏。

对燃气发生器循环系统,则可先关副系统(一般先关氧化剂副阀,后关燃料副阀),待泵后压力降至一定值后,再关闭主系统。

(3)减少剩余推进剂体积。

应尽量使主阀靠近燃烧室,以减少剩余推进剂的体积,有时将阀门直接安装在燃烧室头部。

(4)将剩余推进剂强迫排空。

剩余推进剂自然流入燃烧室时,燃烧变化无常,无法控制,成为后效冲量偏差的主要部分,关机时,用高压气体对头腔进行吹除,迫使剩余推进剂很快排空,可减小后效冲量及其偏差。

故障关机是指提早停止发动机工作,这种提早关机是由于发动机的某个部件出现故障、液体火箭发动机的主要参数达到临界水平或者发射时个别被检测的过程处于非正常条件而引起的。

液体火箭发动机的多次关机和多次启动使用在轨道飞行器上和飞行时需要周期性地启动发动机的飞行器上。为实现多次关机,液体火箭发动机必需能够自动地过渡到启动准备完毕状态,因此在大多数多次关机的液体火箭发动机中使用同一设备完成启动和关机。

6.5　整个发动机系统的性能

下面给出确定整个火箭发动机系统的总比冲、总推进剂流量和总混合比随整个火箭发动机系统中相应的部件性能参数变化的关系式。它适用于由一个或多个推力室、辅助系统、涡轮和汽化推进剂增压系统组成的发动机系统,即

$$(I_{\mathrm{s}})_{\mathrm{oa}} = \sum F / \sum \dot{\omega} = \sum F / (g_0 \sum \dot{m}) \qquad (6.13)$$

$$\dot{\omega}_{\mathrm{oa}} = \sum \dot{\omega} \quad 或 \quad \dot{m}_{\mathrm{oa}} = \sum \dot{m} \qquad (6.14)$$

$$\gamma_{\mathrm{oa}} = \sum \dot{\omega}_{\mathrm{o}} / \sum \dot{\omega}_{\mathrm{f}} = \sum \dot{m}_{\mathrm{o}} / \sum \dot{m}_{\mathrm{f}} \qquad (6.15)$$

下角标 oa,o 和 f 分别代表整个发动机系统、氧化剂和燃烧剂。当一个飞行器推进系统包括一个以上的火箭发动机时,可同样用这些方程确定总参数。

思 考 题

1. 举例说明挤压式和涡轮泵式输送系统的优缺点。

2. 试述涡轮泵输送系统常用的几种方案？并指出哪些是开环系统,哪些是闭环系统?

3. 何谓全流量补燃循环？有何特点?

4. 在挤压式输送系统和泵压式输送系统中对贮箱增压的目的有何不同?

5. 泵压式输送系统中对贮箱的增压有几种方式?

6. 哪种液体火箭发动机必须要有吹除和预冷系统?

7. 简述低温推进剂液体火箭发动机的 3 种预冷方式。

8. 泵压式发动机中,启动涡轮有几种方案?

9. 液体火箭发动机关时如何减小后效冲量?

10. 简述液体推进剂组元的点火方案。

习 题

1. 某液体火箭发动机推力为 9 000 N,室压为 2.00 MPa,排气速度为 1 300 m/s,使用 90% 过氧化氢单组元推进剂(密度为 1 388 kg/m³),发动机工作时间为 30 s,发动机采用高压气瓶中贮存的空气为过氧化氢贮箱增压。求贮箱增压用的空气气瓶的容积是多少? 已知高压气瓶压力为 14 MPa,推进剂贮箱压力为 3.0 MPa,空气的气体常数为 $R = 289$ J/(kg·K),比定压热容与比定容热容之比 $k = 1.40$,气瓶内空气的温度 $T_0 = 298$ K,残余推进剂为 1.2%,排气量修正系数 $\xi_{\mathrm{d}} = 1.06$。

2. 与图 6.4 所示系统相似的一个发动机系统,确定一组方程表示出:

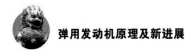

（1）发动机总参数；（2）贮箱排出的推进剂流量的总混合比。可采用下标如下：c— 推力室；gg— 气体发生器；tp— 贮箱挤压。

3. 一个涡轮泵火箭发动机系统，其发动机性能数据如下：发动机系统比冲为 272 s，发动机系统推力为 40 000 N，发动机系统混合比为 2.52，挤压氧化剂贮箱的氧化剂蒸汽流量占总氧化剂流量的 0.003%，经过涡轮的推进剂流量占总推进剂流量的 2.1%，燃气发生器混合比为 0.23，燃气发生器比冲为 85 s。试确定推力室的比冲、混合比和推力。

4. 已知某液体火箭发动机的下列数据：推力室推力为 185.4 kN，推力室比冲为 210.2 s，推力室混合比为 3.25，涡轮效率为 58%，泵需要的功率为 432.4 kW，涡轮泵齿轮箱附件的功率为 37.3 kW，燃气发生器混合比为 0.39，单位燃气在涡轮中转换的有效焓值为 418 650 J/kg，试求发动机系统的混合比和系统的比冲。

固体火箭发动机的基本组件

本 章主要讨论固体火箭发动机的基本部件,包括发动机壳体、喷管、点火装置、推力矢量控制装置和推力终止装置。对于发动机壳体,讨论了壳体的结构形式、基于薄壁圆筒假设的强度和变形计算公式。从喷管结构的角度给出了喷管的分类、喷管壳体和喉衬的常用材料。讨论了点火过程及其影响因素,介绍了几种点火器的组成和工作原理以及几种推力矢量装置。

7.1 发动机壳体

发动机壳体（motor case）又称燃烧室壳体，它不仅是容纳推进剂装药的容器，而且还是推进剂装药的燃烧室，在发动机工作时，壳体需承受 3 500 ℃左右的温度和 5 ~ 15 MPa 的压力。发动机壳体除了和喷管、推进剂药柱等构成火箭发动机的结构体外，常常还作为导弹和运载火箭的基本结构，需要承受复杂的外力和环境条件引起的力学、热学和光学载荷。因此，发动机壳体除了要有高的比强度、比刚度等物理性能外，还要有良好的工艺性。

发动机壳体的形状主要有细长的圆柱形、球形和类球形 3 种，其中球形壳体单位容积的质量最小，圆柱形壳体制造容易。壳体的形状由推进剂装药的形状确定，同时还依赖于飞行器对发动机壳体长度或直径的限制性要求。目前使用最广泛的是圆柱形壳体，它通常由圆柱形筒体和封头组成，封头有平底、部分球形、碟形和椭球形等。

固体火箭发动机壳体使用的材料有金属材料和复合材料两类。常用的金属材料主要有低合金超高强度钢、高合金马氏体时效钢、铝合金、钛合金和镍合金。金属材料强度高、模量大、各向同性，在设计和应用方面都有成功的经验，但其密度大、加工较难、比强度和容器特性系数低。复合材料主要发展了3 代，分别是第一代复合材料玻璃纤维，俗称玻璃钢，第二代复合材料芳纶纤维（凯夫拉）和第三代复合材料高强中模碳纤维[29]。复合材料的比强度和比模量高，因此采用复合材料壳体可以大大减轻火箭和导弹的惰性重量。表7.1列出了固体火箭发动机壳体材料的主要力学性能。

常用的发动机壳体结构形式有 5 种：

（1）型材结构。采用热压型材或热压毛坯，即用通用型材（如无缝钢管）经机械加工而制成的发动机壳体。这种结构一般适用于小型发动机，常用于野战火箭弹壳体。

（2）焊接结构。型材结构的壳体尺寸受锻压设备能力的限制，不可能太大。对于直径较大的钢质发动机壳体，可以采用焊接结构。图 7.1 为典型的大型固体火箭发动机焊接不锈钢壳体。头部为带有点火器的前封头，且包括前连接裙，对于末级发动机头部还有推力终止装置的接口等，中间为由几段圆筒焊接而成的圆柱段，底部为带有安装喷管组件及连接法兰的后封头，除第一级发动机外，还应有后连接裙。

表 7.1　发动机壳体材料的力学性能[30-31]

国别	型号	类别	密度 /(kg·m⁻³)	抗拉强度 /MPa	抗拉模量 /GPa	断裂延伸率 /%
中国	D406A	合金钢	7 800	1 560	205	—
美国	D6AC	合金钢	7 800	1 400	178 ~ 220	7.5
中国	高强 2#	玻璃纤维	2 540	3 300	83	—
中国	芳纶 Ⅱ	芳纶纤维	1 446	3 359	121	2.85
美国	凯夫拉 - 49	芳纶纤维	1 450	3 620	125 ~ 133	2.5
俄罗斯	CBM	芳纶纤维	1 450	3 920 ~ 4 120	127 ~ 132	3.5 ~ 4.5
俄罗斯	APMOC	芳纶纤维	1 450	4 500 ~ 5 000	145 ~ 160	3 ~ 3.5
日本	T700	碳纤维	1 800	4 900	230	2.1
美国	IM - 7	碳纤维	1 810	5 650	290	1.8

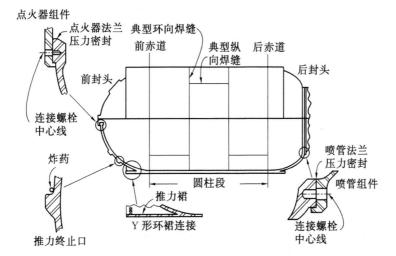

图 7.1　典型的大型固体火箭发动机焊接不锈钢壳体

（3）旋压结构。发动机壳体可以是一端封头与圆筒段同时旋压成形。壳体壁厚可根据强度需要旋压成等壁厚或变壁厚，而且可以做得较薄，如小于 1 mm。因此旋压结构不仅可以大大地简化结构和制造工艺，充分利用材料，提高机械强度和光洁度，还可以减轻结构质量。

（4）缠绕结构。缠绕结构包括环向缠绕和螺旋形缠绕两种。环向缠绕是按照与旋转轴约成 90° 的方向使绕丝头按某一确定的速度沿旋转芯模做相对运动,将浸渍后的增强纤维绕到芯模上。环向缠绕能提供最大的环向强度。螺旋形缠绕的缠绕角一般在25°~85°之间,螺旋缠绕能提供所要求的纵向强度及部分环向强度,调整缠绕角就能得到不同的环向、纵向强度。在缠绕过程中,应使缠绕张力均匀并随壁厚的增加而减少,否则外层纤维势必压缩内层纤维,从而使内层纤维松弛或者当缠绕层足够厚时,内层纤维实际上不起作用,因此在缠绕过程中要能自动调节张力的大小。

在一些设计中,缠绕之前将绝热层套在芯模上,壳体和绝热层同时固化。在另外一些设计中,采用推进剂药柱和前后封头作为芯模。药柱外面是包覆层,然后是绝热层,壳体的高强纤维直接分层缠绕在带有绝热层的药柱上。这种壳体的固化必须在较低的温度下进行,这样才不会对药柱造成不利影响。这种工艺适用于模压成型的圆柱形装药,也有的壳体采用钢内胆外面加一层复合材料缠绕层的方式制造。

(5) 分段结构。这种结构适用于长度较长的发动机,推进剂装药和发动机壳体都是分段制造的,在发射场用机械方法连接各段壳体,并相互密封。航天飞机固体火箭助推器就采用分段结构。

燃烧室壳体中的应力可以用简单的薄壳理论来大致预测,该理论假设壳体壁中没有弯曲载荷,只有拉伸载荷。当燃烧室压力为 p 时,对于一个简单的半径为 R、厚度为 d 的圆筒体,其轴向应力 σ_1 是切向应力 σ_θ 的一半,即

$$\sigma_\theta = 2\sigma_1 = pR/d \tag{7.1}$$

轴向应力和切向应力的合成应力不应超过壁面材料的允许工作应力,可用第四强度理论进行校核,有

$$\sigma = \frac{1}{\sqrt{2}} \sqrt{(\sigma_\theta - \sigma_1)^2 + (\sigma_1 - \sigma_r)^2 + (\sigma_r - \sigma_\theta)^2} =$$

$$\sqrt{\sigma_\theta^2 + \sigma_1^2 - \sigma_\theta \sigma_1} \leqslant [\sigma] \tag{7.2}$$

火箭发动机开始工作后,内压力 p 引起燃烧室在长度和圆周方向上的增长,在设计发动机支撑件或装药时必须考虑这种变形。设 E 为杨氏弹性模量,ν 为泊松比,d 为壁厚,由于压力而引起的长度 L 和直径 D 的增长为

$$\Delta L = \frac{pLD}{4Ed}(1 - 2\nu) = \frac{\sigma_1 L}{E}(1 - 2\nu) \tag{7.3}$$

$$\Delta D = \frac{pD^2}{2Ed}\left(1 - \frac{\nu}{2}\right) = \frac{\sigma_\theta D}{E}\left(1 - \frac{\nu}{2}\right) \tag{7.4}$$

7.2　喷　管

喷管(nozzle)是发动机的一个重要部件,燃烧室高温高压燃气的热能和压力能通过拉瓦尔喷管时转换为动能并不断加速,最后以高速从喷管喷出,建立推力。固体发动机的喷管为非冷却式结构,工作环境极其恶劣,内型面要受到燃气的急剧加热及冲刷,尤其是喉部要承受高达 3 500 K 的高温、高压、高速,并含有一定量熔融态颗粒的两相流的机械冲刷、化学侵蚀和热冲击,因此,对喷管材料的绝热性能、抗侵蚀性能、机械强度及热物理性能的要求很高。同时由于固体火箭发动机的推力方向控制是依靠摆动喷管实现的,因此固体火箭发动机喷管结构比液体火箭发动机喷管要复杂得多。

固体火箭发动机喷管按喷管的前端是否潜入燃烧室的尾部,分为潜入喷管和非潜入喷管;按喷管是否能够摆动分为摆动喷管和固定喷管,此外还有可延伸喷管和带尾管的喷管。图 7.2 给出了常见喷管的结构简图。

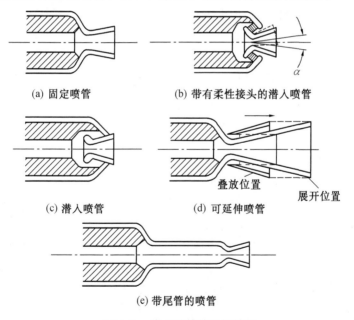

(a) 固定喷管　　　　(b) 带有柔性接头的潜入喷管

(c) 潜入喷管　　　　(d) 可延伸喷管

(e) 带尾管的喷管

图 7.2　常用喷管的结构简图

潜入喷管和非潜入喷管在结构上基本相似,只是潜入喷管的头部结构与非潜入喷管不同。潜入喷管可稍稍减少发动机的总长,继而减少飞行器长度及其惰性质量,这对于长度受限制的应用来说很重要。目前,战略固体导弹大都采用潜入柔性喷管,如美国的三叉戟 C3 和海神 C4 导弹的固体火箭发动机均采用潜入喷管;战术固体导弹主要采用非潜入喷管。非潜入喷管有两种结构:一种是固定喷管;另一种是摆动喷管。固定喷管不提供推力矢量控制,可用于各种导弹、运载火箭的推进系统中或者航天器轨道转移发动机中。摆动喷管可为飞行器提供推力矢量控制。一个摆动喷管可以提供俯仰和偏航控制,而滚动控制需要两个摆动喷管。潜入喷管多为摆动喷管,采用柔性密封连接,或用带有两个分开成 90° 的作动器的轴承实现全轴运动。

可延伸喷管用于战略导弹的上面级推进系统以及运载火箭的上面级,以使发动机的比冲最大。它有固定的低面积比喷管段,通过机械连接一个喷管圆锥扩张段放大到较大的面积比从而提高了比冲,显著提高了喷管的推力系数。该系统可以让很大膨胀比的喷管装入相对较短的长度内,因此减小了飞行器的消极质量,喷管延伸段在助推飞行阶段处于收回位置,在下面级分离之后,上面级发动机启动前移动到位。

带尾管的喷管用于对直径有限制的空基或地基战术导弹,可为气动翼面作动系统或推力矢量控制动力供应系统提供空间。尾管还可以让火箭发动机的重心接近或位于飞行器重心之前,这就限制了发动机工作时重心的移动,使飞行更容易保持稳定。

固体火箭发动机喷管结构可分为喷管壳体结构和烧蚀绝热结构两部分,如图 7.3 所示。壳体结构的主要任务是承受强度载荷,支撑烧蚀绝热结构,并把它们连接成一个整体,实现与燃烧室的连接。烧蚀绝热结构包括收敛段绝热烧蚀层、喉衬组件及扩张段绝热烧蚀层,其主要作用是构成喷管的内型面,在发动机工作期间,起到绝热、防烧蚀的作用,保持喷管内型面的完整

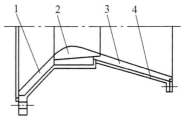

1— 收敛段绝热层;2— 喉衬材料;
3— 扩张段绝热层;4— 喷管壳体

图 7.3 典型的喷管结构

性,确保发动机在工作过程中的安全、可靠。合理的结构是用高强度金属或纤维增强材料做喷管的壳体,用高熔点金属或优质碳素材料做耐热 - 热沉喉衬组件,用烧蚀型增强材料作为绝热隔热材料,组成具有复合结构的喷管。

喷管壳体中使用的金属材料有钢、钛合金及铝合金等。常用的钢种有 30CrMnSiA、45 号钢及低碳钢等;常用的钛合金有 TC6 和高强钛合金等;常用的铝合金有 LF6、LD10 以及 LC9 高强铝合金等。喷管收敛段和扩张段常用的

绝热和烧蚀材料有石棉／酚醛树脂、高硅氧／酚醛树脂、碳／酚醛树脂。一般石棉／酚醛材料只做绝热材料使用,高硅氧／酚醛材料和碳／酚醛材料既可做绝热材料,也可做烧蚀材料使用。耐烧蚀材料还有钨、钨渗铜、钼以及耐高温陶瓷。

喉衬组件的结构较简单,但是,它是一个关键部件。它的工作环境很恶劣,燃气流过喷管时,对它的加热量最大,因此,喉衬组件很易烧蚀。喉衬是控制发动机性能的重要尺寸,所以对喉衬材料的要求很高,喉衬材料需具有比较好的热物理性能以及机械性能,同时还要具有比较高的抗烧蚀性能。喉衬常用的材料有高强石墨、钨渗铜和碳／碳复合材料,其中钨渗铜和碳／碳材料是性能比较好的一种喉衬材料。20 世纪 50 年代的第一代喷管多采用高强石墨作为喉衬材料。在 20 世纪 60 年代以民兵导弹为代表的喷管采用钨渗铜、钨渗银。20 世纪 70 年代末,以 MX 导弹为代表的喷管开始使用碳／碳 复合材料,从此以后,随着碳／碳复合材料制造技术的进步,绝大多数战略导弹的喷管都使用碳／碳 复合材料[32]。

钨渗铜(渗银)是以粉末冶金方法制成的多孔骨架,再浸渗低熔点金属作为“发汗剂”,它实质是一种金属基的复合材料,钨是增强基质,铜(或银)是连续相基体。在发动机工作时,因钨骨架的力学性能好,能保证喉部的型面不被侵蚀,而高温下呈熔融状态的低熔点金属通过孔隙迁移至内表面的附面层,起“发汗”蒸发冷却作用,达到保护喉部的目的。钨渗铜(渗银)的缺点是金属钨的密度($19.3\ \text{g/cm}^3$)太大,导致钨渗铜的密度($17.6\ \text{g/cm}^3$)大,不利于降低发动机的质量比。

碳／碳材料是由在碳基体中加入定向的碳纤维制成的。两维碳／碳材料在两个方向上有纤维,三维材料在 3 个方向(彼此成直角)有纤维分布,四维材料在与其他 3 个方向大致成 45° 的方向上有另外一组纤维。将液体有机树脂注入纤维间的空隙中,然后加压复合体,使填充物加热后碳化,同时还要经过进一步的注射和增密过程使其致密,最后在 2 000 ℃ 以上温度中进行石墨化。碳／碳材料虽然昂贵,但它在高温下不但具有较高的强度和抗烧蚀性能,而且对热震及机械冲击的敏感度较小,可耐 3 800 ～ 4 000 ℃ 的高温,抗 H_2、CO、CO_2 等气体的腐蚀,密度也较低,约为 $1.75 ～ 1.9\ \text{g/cm}^3$,很适合做喷管的喉衬材料。碳／碳喉衬的成型工艺有多种方法,如整体碳毡、碳布予氧毡叠层针刺、三维编织、四维软硬混编、四向软编、四向硬编等。20 世纪 80 年代以前,碳／碳材料只能制作内径小于 200 mm 的小尺寸喉衬,目前已出现大尺寸的碳／碳喉衬,如法国“阿里安 5 号”火箭固体助推器喷管中的碳／碳喉衬内径达到 900 mm,外径达到 1 060 mm。

7.3 点火装置

点火装置是完成固体火箭发动机燃烧室内固体推进剂装药点火过程的重要部件。所谓点火过程是指点火装置收到点火信号开始,到燃烧室内主装药被点燃,燃烧室内充满燃气并达到平衡流为止的全过程,该过程可分为 3 个阶段,如图 7.4 所示。

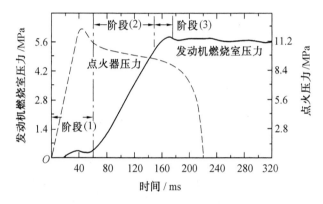

图 7.4 点火过程的几个阶段和点火装置内的压力变化

(1)点火延迟期。从点火装置收到点火信号的时刻起至燃烧室内装药的一小块表面开始点燃的时间间隔。

(2)火焰传播期。从点燃装药表面开始至整个装药燃面全部点燃的时间间隔。

(3)燃烧室充气期。从整个装药燃面点燃至燃气充满燃烧室空腔,并达到平衡流的时间间隔。

影响点火过程的主要因素有:点火所需的能量、点火气体的特性,发动机装药表面的可点燃性、点火器燃气和装药表面间的传热性能、装药火焰的扩展速率、高温燃气充填发动机自由容积的动态特性以及点火装置的位置[33]。

点火装置按结构形式分为药盒式点火装置和火箭式点火装置两类,前者以烟火剂为点火药,适用于中小型固体火箭发动机点火;后者先以烟火剂点燃点火发动机中的药柱,相继再点燃发动机燃烧室中的装药,适用于大型火箭发动机点火。

药盒式点火装置主要由发火管、点火药和点火药盒 3 部分组成。发火管的作用是实现点火药的点火,目前主要采用的点火方式有电桥丝点火、半导体桥点火和激光点火。电桥丝点火是最常用的一种点火方式,其工作原理为:电流通过桥丝,桥丝升温,电能变成热能,引燃热敏火药,从而引燃点火药盒内的点火药或通过传爆药引燃点火药。激光点火在 20 世纪 60 年代中期开始研究与应用,其原理是利用激光的高强度能量对烟火剂产生热作用使之点火[34]。半导体桥点火是 20 世纪 80 年代开始发展起来的先进点火技术,采用半导体膜或金属 – 半导体复合膜做发火元件,当电流脉冲流过时,该材料形成弱等离子体放电,从而把能量传递给烟火剂,诱发放热化学反应使烟火剂点燃[34]。点火药盒和点火药是点火装置的主要部分,其功用是在满足预定能量释放速率的前提下,向燃烧室装药表面提供足够的热流,使之达到能够维持稳定燃烧的条件。

图 7.5 示出了一种典型的药盒式点火装置。该点火装置中采用电桥式电点火管,其工作过程为:电发火管一旦收到电信号,桥丝升温,电能变成热能,发火管内的少量热敏火药就被点燃,发火管中释放的热量点燃传爆药,传爆药引燃点火药盒内的点火药,点火药产生的燃气点燃主装药。常用的烟火剂点火药有硼／过氯酸钾点火药、镁／聚氯乙烯点火药。此外点火药中还含有1% ～ 5% 的黏合剂,以使点火装药能压制成片状或其他形状。

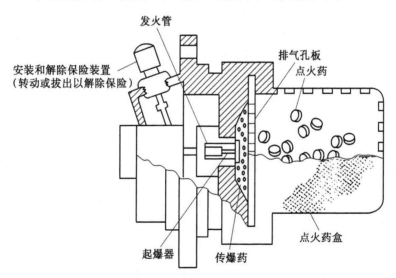

图 7.5　典型的药盒式点火装置简图

火箭式点火装置(rocket type igniter) 又称点火发动机,它由电发火管、引燃药盒、点火发动机壳体、点火药柱和喷孔等组成,如图 7.6 所示。

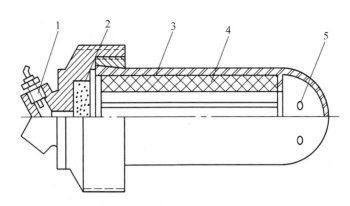

1— 电发火管;2— 引燃药盒;3— 点火发动机壳体;4— 点火药柱;5— 喷孔

图7.6　点火发动机简图

为了获得足够的点火热流,装药多采用大燃面(如车轮形等)、高燃速推进剂。根据主发动机通道结构可设一个或多个声速或超声速喷孔。点火发动机必须合理地组织点火燃气流的喷射方式,正确选择燃气流量和工作时间,确保迅速有效地把点火能量传递到主发动机药柱表面,实现有效点火,点火发动机可安装在主发动机头部,也可安装在主发动机尾部。火箭式点火装置具有点火持续时间长、点火能量大、燃烧规律可以控制、工作稳定可靠等特点。

7.4　推力矢量控制装置

推力矢量控制是指通过改变燃气流方向从而对发动机推力方向进行控制。化学火箭发动机作为飞行器的动力装置,必须根据飞行器的不同要求进行推力方向的控制。与液体火箭发动机相比,固体火箭发动机由于质量、尺寸较大以及发动机和飞行器的结构整体化等因素,导致其推力方向的控制难度较大。

固体火箭发动机**推力矢量控制装置**(thrust vector control device)有机械式和二次喷射两类,其中机械式推力矢量控制装置可分为机械导流板和可动喷管两种。

机械导流板式推力矢量控制装置中,使用最多的有燃气舵、燃气调整片和偏流环,如图7.7所示。采用燃气舵进行推力矢量控制是较早应用于火箭发动机的方案,其在固体和液体火箭发动机中均有使用。燃气舵是一种耐热的气动翼,一般成对地布置在发动机固定喷管的内部或后方,通过改变燃气舵相对于气流的攻角来改变推力的方向[35]。燃气调整片放置在喷管后方,通过从喷管外侧向其内部进出调整片的方式来改变推力方向。燃气偏流环方式是在喷管后方设置偏流环,利用改变该偏流环的方向来改变推力的方向。燃气调整片和偏流环这两种推力矢量控制装置仅用于固体火箭发动机,表7.2 给出了 3 种机械导流板式推力矢量控制装置的对比。

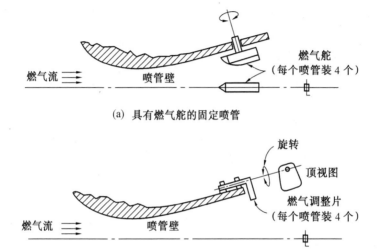

(a) 具有燃气舵的固定喷管

(b) 具有燃气调整片的固定喷管

图 7.7　采用燃气舵和燃气偏流器的推力矢量控制装置简图

表 7.2　3 种机械导流板式推力矢量控制装置的对比[36-37]

类型	推力偏向角	推力损失	优　点	缺　点	应　用
燃气舵	最大 ±9°	10%	作动功率小、摆动速率高,伺服系统质量小	舵面烧蚀严重,工作时间有限	苏联"飞毛腿"导弹、美国"潘兴Ⅱ"导弹
燃气调整片	20° 以下	10% ~ 15%(最大角度时)不控时无损失	作动功率小、摆动速率高,装置紧凑	调整片有烧蚀,工作时间有限	美国"战斧"巡航导弹
偏流环	10° 以下	5%	作动功率小,装置质量轻	诱发飞行器底部热燃气回流	美国"北极星"导弹

　　可动喷管型推力矢量控制装置通过转动喷管来改变推力的方向,这种方式虽无推力损失,但因必须密封,驱动喷管时的摩擦力增大,因此驱动部分质量大,需要较大的安装空间。这种推力矢量控制装置主要有轴承摆动喷管和柔性喷管两种。轴承摆动喷管如图7.8所示,它也是固体火箭发动机较早采用的一种推力矢量控制方案,如20世纪60年代初,美国"民兵"导弹的第一级和第二级固体火箭发动机就采用轴承摆动喷管进行推力矢量控制。这种方案无推力损失,推力偏向角可达 ±20°,其缺点是结构复杂、可靠性差等,在以后的发展中,逐渐被其他方案所替代。

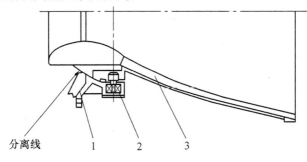

1— 固定体;2— 轴承;3— 活动体

图7.8　轴承摆动喷管

　　柔性喷管是一种借助柔性接头实施喷管摆动,达到推力方向控制目的的摆动喷管。由于柔性接头具有抗轴向外力的能力,而在剪切外力的作用下又有变形,而且本身又具有较好的密封性,因此柔性喷管的性能要比轴承摆动喷管以及其他类型的摆动喷管更优越。从20世纪60年代末开始,美国就研究这种技术,并把它用于弹道导弹的动力装置上,如"海神"C3导弹、"三叉戟"C4导弹以及MX导弹等,20世纪80年代美国航天飞机大型固体助推器也采用柔性喷管。

　　柔性喷管由活动体、固定体及柔性接头3部分组成,如图7.9所示。喷管摆动的执行部件是柔性接头。柔性接头是由若干同心的环状球体的弹性件和增强件相互交替地黏结在一起,前后各有法兰组成的一个完整部件。弹性材料主要是天然橡胶,增强件材料是钢或碳纤维复合材料。由于橡胶的体积压缩量比剪切模量大15 000倍左右,所以柔性接头在受到强大的轴向载荷作用时,轴向变形较小,而在较小的侧向作动力的作用下,能产生较大的剪切变形,从而使喷管摆动。在弹性件各层厚度相等且均匀的条件下,每层剪切变形产生的转角应为总摆角的$1/n$,n为弹性件的层数。

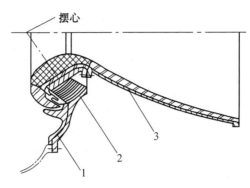

1— 固定体;2— 柔性接头;3— 活动体

图 7.9 柔性喷管

二次喷射推力方向控制通过固体火箭发动机喷管扩张段上的小孔向超声速燃气流喷射出第二股流体(液体或气体),当喷管中超声速燃气受到第二股流体干扰后,产生斜激波,超声速燃气通过斜激波面后,气流方向发生偏斜,使排气方向与喷管轴线成一定的夹角,从而产生侧向力。这第二股流体对喷管主气流称为二次流,用这种方法进行推力矢量控制称为二次喷射推力方向控制。

液体二次喷射推力方向控制装置如图 7.10 所示,它由高压气瓶、贮箱、伺服活门、喷管等组成。工作时,打开高压气瓶,高压气体流过调压器进入贮箱,将贮箱中的液体(惰性或活性液体)通过伺服活门挤压入喷管扩张段超声速燃气流中,喷射流体很快雾化、蒸发,并与燃气混合,如果是活性液体,还会发生化学反应,释放一定的能量。由于喷射液体对喷管超声速燃气流的干扰,会产生弓形斜激波,超声速燃气流过斜激波面后,燃气速度下降,方向偏转,压强升高。因此,使喷管扩张段壁面上形成不对称压强,产生侧向力。另外,液体喷射时要产生反作用力,此反作用力也是一部分侧向力。

二次喷射推力方向控制根据气动原理产生侧向力,无需喷管摆动,只需控制喷射活门,因此活动部件惯性小,频率响应速度快,伺服系统功率小,伺服系统质量也较小。但是,由于二次喷射的喷射系统结构较复杂,需要环形液体贮箱、增压气瓶等,惰性质量较大,故其不适用于要求大侧向力的固体火箭发动机,常在固体导弹的第二级发动机上使用,例如美国"民兵"固体导弹的第二级发动机就采用二次喷射推力方向控制方案。

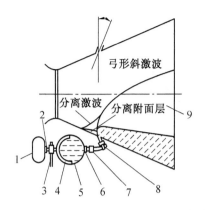

1—高压气瓶;2—气瓶爆破阀门;3—调压器;4—气囊;5—贮箱;
6—破裂膜;7—流量计;8—伺服阀门;9—喷管

图7.10　液体二次喷射推力方向控制装置简图

7.5　推力终止装置

推力终止装置(thrust termination mechanism)是固体火箭发动机完成关机或实现正负推力平衡的装置。理论上推力终止方法按工作原理可分为两类:一类是熄火法;另一类是反推力法。熄火法又分喷灭火剂熄火法和快速降压熄火法两种。喷灭火剂熄火法又有喷水熄火及喷固体灭火剂熄火法。固体灭火剂常用盐类,如硫酸铝结晶体、碳酸氢铵等。喷灭火剂熄火法没有得到应用,因为它们推力终止性能差,没有实用价值。快速降压熄火法的原理是突然打开设置在发动机燃烧室上的附加孔,使排气面积迅速增大几倍,引起发动机压强突然下降,当压强降到某一临界值时,燃烧的推进剂就熄火。这种方法由于结构复杂、实施难度较大、实用性差等原因,也没有得到应用。

推力终止的另一类方法是反推力法。反推力法就是当需要推力终止时,设法使发动机获得一个与正推力方向相反的力——反推力,来抵消正推力,达到推力终止的目的。

目前得到广泛使用的推力终止方案是反向喷管推力终止方案。这种方案主要是在发动机壳体上对称地开若干个孔,在孔的位置上安装与发动机轴线成某一角度的,并向前倾斜的反向喷管。当推力终止时,由打开机构打开反向喷管。燃气从反向喷管中排出,产生反推力,与主推力相抵消,达到推力终止的目的。例如美国"民兵"和"海神"导弹就是利用位于上面级壳体前封头的通道使推力反向来实现推力终止的。

　　按发动机上开孔的位置区分,有发动机头部反向喷管、发动机尾部反向喷管及发动机筒体侧向反向喷管 3 种。它们的优点是推力终止过程短,能在几毫秒内完成由正常推力向反推力的转变;反向喷管可产生较大的反推力,有利于头体分离;结构简单、质量小,所以在固体弹道式导弹上得到广泛应用。

思 考 题

1. 固体火箭发动机壳体有几种结构形式?
2. 常用的发动机壳体材料有哪些?
3. 简述固体火箭发动机喷管的分类。
4. 固体火箭发动机喷管结构由几部分组成,各部分应使用何种材料?
5. 固体火箭发动机的点火过程分为几个阶段? 简述各阶段的压力特征。
6. 简述点火装置的分类。
7. 简述固体火箭发动机推力矢量控制方法。
8. 常用的推力终止方法有几种?

第 8 章

固体火箭发动机装药及零维内弹道计算

固体火箭发动机装药是装填在燃烧室中具有一定形状和尺寸的推进剂药柱。装药的几何形状和尺寸决定了发动机燃烧产物的生成率及其随时间的变化规律,从而决定了发动机的工作压强和推力随时间变化的规律,即决定了发动机的内弹道性能。本章主要讨论固体火箭发动机几种典型装药的特点,并给出了零维内弹道的计算方法。

8.1　燃　　速

8.1.1　燃速的经验公式

在固体火箭发动机中,推进剂都是以一定的形状和尺寸直接装填在燃烧室中的,这种具有一定质量和体积的推进剂称为推进剂装药。推进剂装药通过燃烧产生高温高压的燃气,燃气通过喷管加速膨胀,以高速射流的形式排出,从而产生推力。固体推进剂的燃烧速度简称**燃速**(burning rate),定义为燃烧过程中推进剂装药燃烧表面沿其法线方向向推进剂装药内部连续推进的速度。

设在 dt 时间内燃面推移的距离为 de,则燃速可表示为

$$r = \frac{de}{dt} \tag{8.1}$$

上式中燃速的单位通常为 mm/s 或 cm/s。

于是,单位时间内燃烧掉的推进剂的质量为

$$\dot{m} = A_b r \rho_p \tag{8.2}$$

式中　　A_b—— 推进剂装药的燃烧面积;

　　　　ρ_p—— 固体推进剂的密度。

燃烧掉的总的有效推进剂质量 m 可通过对式(8.2)积分得到,即

$$m = \int \dot{m} dt = \rho_p \int A_b r dt \tag{8.3}$$

燃速主要用试验方法测定。图 8.1 为利用克劳福德管状燃烧器进行燃速测量的示意图。在这种压力可调的装置里燃烧一根药条,通常燃速仪内充注限燃剂(氮气),限制药条使其只能沿纵向燃烧。在药条上安置两根距离为 L 的导线,它们被烧断时可分别接通或切断精密计时器的线

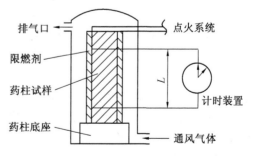

图 8.1　燃速测量装置示意图

路。于是从测得的时间和距离 L 就可求出平均燃烧速率。在不同的压力下,重复上述过程就可得到燃速经验公式。

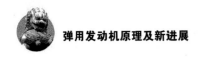

对于常用的推进剂,在固体火箭发动机的工作压力范围内,得到的燃速经验公式主要有以下 3 种形式。

（1）指数燃速公式,其表达式为

$$r = ap_1^n \qquad\qquad (8.4)$$

式中　　r——装药的燃速;

　　　　a——燃速系数;

　　　　n——燃速压力指数;

　　　　p_1——燃烧室压力。

（2）线性燃速公式,其表达式为

$$r = a_1 + b_1 p_1 \qquad\qquad (8.5)$$

式中　　a_1、b_1——燃速系数,其取决于推进剂性质、装药初温和燃烧室的压力

　　　　　　　　范围,可由试验确定。

（3）萨默菲尔德燃速公式,其表达式为

$$\frac{1}{r} = \frac{A}{p_1} + \frac{B}{p_1^{1/3}} \qquad\qquad (8.6)$$

同样,燃速系数 A 和 B 取决于推进剂性质、装药初温和燃烧室的压力范围。

在火箭发动机常用的压力范围内,对于双基推进剂,指数燃速公式与试验数据符合得更好些,对于复合推进剂,虽然萨默菲尔德燃速公式在理论上更符合,但应用上不如指数燃速公式方便,故最常用的燃速公式为指数燃速公式。

8.1.2　燃速的影响因素

在影响燃速的因素中,重要的因素之一是推进剂的化学成分,即燃速是推进剂自身组成成分的函数,燃速随下列因素而增大:① 添加燃速催化剂,或增大催化剂的含量;② 减小氧化剂颗粒尺寸;③ 增加氧化剂的含量;④ 增加黏合剂的燃烧热。上述 4 项可能对复合推进剂都有影响,②和③项不适用于双基推进剂。

改变推进剂的物理结构也会对推进剂的燃速产生重大的影响。现已广泛地采用在推进剂中加入金属丝的方法来提高燃速。由于金属是热的良导体,因此,在推进剂中加入金属丝后,气相反应区将通过暴露的金属丝迅速向推进剂内部传热,从而加速固相分解,提高了金属丝周围的推进剂燃速。比较适合的金属丝材料有银、铜、铝、钨等。此外,发动机的工作条件也对燃速有较大的影响,这些工作条件是指燃烧室的压力、装药初温、平行燃烧表面的横向气流速度和各种加速度的作用。

通常可以近似地把燃速作为燃烧室压力的函数,至少在燃烧室压力有限的范围内这样做是可以的。对于许多推进剂,不管双基、复合还是改性双基,燃速的经验关系式都可采用指数燃速公式。式(8.4)中的 n 为燃速压力指数,它描述了燃烧室压力对燃速的影响。对于稳定的条件,n 值可为正值、负值、稍大于 1 或小于 1 的值。在一定的压力范围内,n 值的大小与压力无关,这是目前大多数推进剂的特性。通常压力指数 n 在 0.2 ~ 0.6 之间。燃速对压力指数 n 非常敏感,n 值越大,燃速随压力的变化越快。实际中,当 n 接近 1 时,燃速和燃烧室压力相互之间非常敏感,并且室压会在几毫秒内发生灾难性的上升。$n = 0$ 的推进剂的燃速在很宽的压力范围内都没有变化,这种推进剂称为**平台推进剂**(plateau - burning propellant)。

　　燃烧之前的推进剂药柱的温度称为**装药初温**(initial temperature)。温度影响化学反应,因此装药初温会影响燃速。燃速对推进剂温度的敏感性可以用温度系数来表示,两种最常用的形式为

$$\sigma_p = \left(\frac{\partial \ln r}{\partial T}\right)_p = \frac{1}{r}\left(\frac{\partial r}{\partial T}\right)_p \tag{8.7}$$

$$\pi_K = \left(\frac{\partial \ln p}{\partial T}\right)_K = \frac{1}{p}\left(\frac{\partial p}{\partial T}\right)_K \tag{8.8}$$

σ_p 称为**燃速的温度敏感系数**(temperature sensitivity of burning rate),定义为在特定的燃烧室压力下,推进剂温度变化 1 K 对应燃速变化的百分数。π_K 称为**压力的温度敏感系数**(temperature sensitivity of pressure),定义为在特定的 K(K 是燃面面积 A_b 与喷管喉部面积 A_t 的比值)值下,推进剂温度变化 1 K 对应燃烧室压力变化的百分数。σ_p 值的典型范围是 $(0.1\% \sim 0.9\%)/K$。

　　将式(8.4)代入式(8.7)中,得

$$\sigma_p = \left[\frac{\partial \ln(a p_1^n)}{\partial T}\right]_p = \frac{1}{a}\left(\frac{\partial a}{\partial T}\right) \tag{8.9}$$

上式表明,温度影响燃速的实质是燃速系数发生了变化。

　　将式(8.9)在初温 T_1 和 T_2 之间积分,得

$$a_2 = a_1 e^{\sigma_p(T_2 - T_1)} \tag{8.10}$$

将式(8.8)在初温 T_1 和 T_2 之间积分,得

$$p_2 = p_1 e^{\pi_K(T_2 - T_1)} \tag{8.11}$$

　　设 Δp 是对应于 $\Delta T = T_2 - T_1$ 的压力增量,于是装药初温的变化对发动机压力的影响可由下式计算:

$$\Delta p = p_2 - p_1 = p_1(e^{\pi_K \Delta T} - 1) \tag{8.12}$$

当装药初温变化较小时,Δp 可近似由下式计算:

$$\Delta p \approx \pi_K p_1 \Delta T \tag{8.13}$$

装药初温影响燃速,同时也影响工作压强、推力和发动机的工作时间。如"尖兵"一号卫星制动发动机,采用端羧基聚丁二烯复合固体推进剂,在 $-30 \sim 40\ ℃$ 的温度范围内,燃烧室压力变化约为32%,工作时间变化约为25%,如图8.2所示。为此,对研制和试验的大型火箭发动机,通常做法是在点火前将发动机调定在一个特定温度下保温一段时间,使推进剂药柱均匀地达到所希望的温度,从而保证发动机的性能处于合格的范围内。

当推进剂在存在燃气横流的装药通道内燃烧时,通常推进剂燃速会随横向气流速度的增加而增加,这种平行于燃面的燃烧产物的横向气流速度使推进剂燃速增加的现象称为**侵蚀燃烧**(erosive burning)。侵蚀燃烧最大的可能是在点火之后不久出现,且引起的燃速的增大通常在装药的喷管端最为严重。此时气流通道还相当小,但流速高。侵蚀燃烧会导致固体火箭发动机装药燃速在时间和空间上不均匀,造成按平行层等面燃烧设计的侧面燃烧装药发动机在压力时间曲线上出现初始压力峰、减面性和长拖尾,如图8.3所示。

随着飞行器的运动,固体火箭发动机经常要受到各种加速度的作用,特别是有一类火箭利用旋转来稳定飞行,在这种条件下工作的发动机会产生一个很强的加速度场。研究表明,与加速度成 $60° \sim 90°$ 夹角的燃烧表面最容易使燃速增大。

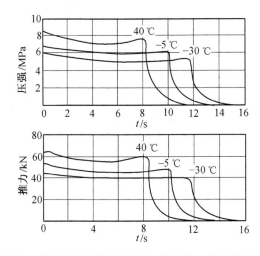

图8.2　装药初温对发动机压力、推力和工作时间的影响

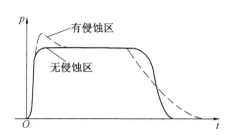

图 8.3　有侵蚀燃烧和无侵蚀燃烧的压强时间曲线

8.2　固体推进剂装药的分类

固体推进剂装药有许多种分类方法,按药柱的几何形状可分为**管形装药**(tube grain)、**星形装药**(star grain)、**车轮形装药**(wagon wheel grain)、**多孔形装药**(multiperforated grain)、**水母形装药**(acaleph grain)、**狗骨形装药**(dog-bone grain)、**锥柱形装药**(conocyl grain)和**翼柱形装药**(finocyl grain),如图 8.4 所示。

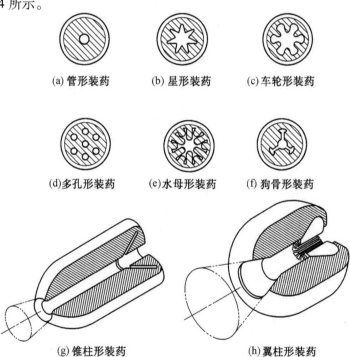

(a) 管形装药　　(b) 星形装药　　(c) 车轮形装药

(d) 多孔形装药　　(e) 水母形装药　　(f) 狗骨形装药

(g) 锥柱形装药　　　　(h) 翼柱形装药

图 8.4　按药柱的几何形状区分的各种装药

按燃烧表面随时间的变化规律（压力－时间曲线的特征）固体推进剂装药可分为**增面燃烧药柱**（progressive burning grain）、**减面燃烧药柱**（regressive burning grain）和**中性燃烧药柱**（neutral burning grain），如图 8.5 所示。增面燃烧药柱是指药柱燃烧表面积按递增规律变化，内侧面燃烧的管形、多孔形、大肉厚星形药柱均为增面燃烧药柱。减面燃烧药柱是指药柱燃烧表面积按递减规律变化，外侧面燃烧的管形及肉厚薄的星形、车轮形为减面燃烧药柱。中性燃烧药柱又称等面燃烧药柱，它是一种燃烧表面积不随时间变化的药柱。端面燃烧药柱，内、外侧面燃烧管形药柱均为等面燃烧药柱，星形、车轮形药柱也可实现近似的等面燃烧。

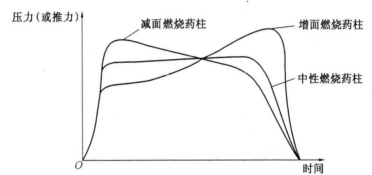

图 8.5　按压力－时间曲线特征区分的装药

按燃烧表面所处的位置可分为**端面燃烧药柱**（end burning grain）、**侧面燃烧药柱**（side burning grain）和**侧端面燃烧药柱**（side end burning grain）。

将装药装在壳体中有两种方法：一种是药柱的制造在壳体外进行，然后装入壳体中，这种装药称为**自由装填药柱**（free loading grain）；另一种称为**壳体黏结装药**（shell-felted charge），以壳体作为模具，推进剂直接浇注到壳体内，与壳体或壳体绝热层黏结。关于装药的基本术语有以下几种：

（1）**绝热层**（heat insulation liner）。在固体火箭发动机内壁和喷管的某些部位粘贴的具有一定厚度的耐烧蚀、隔热材料层，称为绝热层。绝热层作为燃烧室的内衬，可以保护壳体不受烧蚀。

（2）**包覆层**（liner）。将药柱部分表面包覆一层阻燃材料，这种阻燃材料层称为包覆层。包覆层可保证药柱的燃烧规律，即保证发动机的内弹道性能。包覆层可能在侧表面，可能在端面，也可能在侧面和一个端面。对于贴壁浇注的发动机，为使装药与燃烧室壳体牢固黏结，在药柱与壳体的绝热层之间有一层包覆层。

（3）**药柱长径比**（grain length-diameter ratio）。指药柱长度 L 与药柱直径 D 之比。

（4）**药柱肉厚**（grain web thickness）。药柱的最小厚度，即从最初燃烧表面到绝缘壳体壁或到另一个燃烧表面交界面的距离。它是决定燃烧时间的药柱厚度，用 e_1 表示，$e_1 = \int_0^{t_b} r \mathrm{d}t$，$t_b$ 为药柱的燃烧时间。

（5）**肉厚系数**（web fraction）。对于壳体黏结的内燃药柱，肉厚系数 W_f 是肉厚 e_1 与药柱外半径 $D/2$ 之比，即

$$W_f = \frac{2e_1}{D} \tag{8.14}$$

（6）**容积装填系数**（volumetric loading fraction）。它是推进剂容积 V_p 与可供推进剂、绝热层和保护层利用的燃烧室容积 V_c 之比（不考虑喷管），即

$$V_f = \frac{V_p}{V_c} = \frac{I_t}{I_s \rho_p V_c g_0} \tag{8.15}$$

式中　V_f——容积装填系数；

　　　I_t——总冲；

　　　I_s——比冲；

　　　ρ_p——推进剂的密度。

（7）**余药系数**（sliver fraction）。所谓余药是指肉厚烧完时，未燃烧的残余推进剂。某些药形在燃烧结束时常有余药，如星形药柱、车轮形药柱等。余药系数 η_f 是指余药截面积 A_f 与药柱初始截面积 A_0 之比，即

$$\eta_f = \frac{A_f}{A_0} \tag{8.16}$$

8.3　几种常用装药的特点

1. 端面燃烧装药

端面燃烧装药是指药柱的全部侧表面及一端阻燃，燃烧只在药柱后端面上进行，燃烧方向垂直于端面，燃烧面积由端面积确定。这种药形几何尺寸一般以药柱外径 D、长度 L 来表征，如图 8.6 所示。药柱的特点是形状简单、制造容易；肉厚等于药柱的长度 L，容积装填系数高，可达 0.9～0.95；容易保证恒面燃烧，强度高；由于没有平行于燃烧表面的燃气流，因此不存在侵蚀效应；工

作时间由药柱的长度决定,可达几百秒。缺点是燃烧室壁连续暴露于燃气中,其燃烧时间长,因此,发动机壳体需要较厚的绝热层,增加了消极质量;工作过程中发动机重心移动较大;由于燃烧面积受发动机直径的限制,因而推力较小,点火较困难等。这种药形通常适用于工作时间长而推力小的情况,如防空导弹的续航发动机、燃气发生器和某些反坦克导弹等。

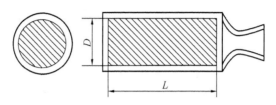

图 8.6　端面燃烧药柱

2. 侧燃装药

侧燃装药是燃烧只在药柱的侧面进行,一般是两端面包覆阻燃,对于管状药也可能还有一个端面包覆阻燃。侧燃装药属于二维燃烧药柱,它具有较大的燃烧面积,使发动机能够产生较大的推力。侧燃药柱种类较多,包括管形药柱、星形药柱、车轮形药柱和管槽形药柱等。

管形药柱是指具有圆孔中心通道的药柱。药柱两端包覆时,内侧面燃烧呈增面性,外侧面燃烧呈减面性,内外侧面同时燃烧呈等面性。主要几何参数有药柱外直径 D、内孔直径 d 和长度 L,如图 8.7 所示。

管形药柱可浇注成形,也可挤压成形,可自由装填,也可直接浇注在发动机内。管形药柱具有几何形状简单、制造工艺成熟、肉厚和燃面变化较大以及使用方便等优点。管形药柱的缺点是除直接浇注在发动机中的内侧面燃烧管形药柱外,燃烧过程中燃气均与发动机内壁直接接触,需采取绝热措施,增加了发动机的消极质量。另外,内外侧面同时燃烧的管形药柱燃烧结束时有碎药喷出,还可能导致燃烧结束时产生压力峰。

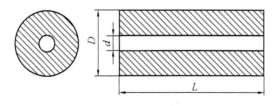

图 8.7　管形药柱

管形装药适用于小型的固体火箭发动机,当肉厚系数为 0.3 ~ 0.5 时,可采用内、外侧面燃烧的管形装药;当肉厚系数为 0.5 ～ 0.9,容积装填系数为 0.85 ～ 0.95,长径比小于 2 时,宜选用内燃管形装药。

星形药柱如图 8.8 所示,它是一种通道截面为星孔形状的内孔侧面燃烧药柱,是以药柱外径 D、肉厚 e_1、星角数 n、星边夹角 θ、过渡圆弧半径 r、星角系数 ε、特征尺寸 l、药柱长度 L 来表征的。内孔几何形状及肉厚不同时,其燃烧表面及装填系数的变化范围都比较大。典型的肉厚系数为 0.3 ～ 0.6,容积装填系数为 0.75 ～ 0.85。

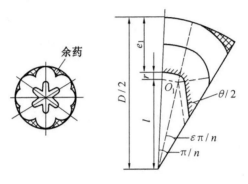

图 8.8　星形药柱

星形装药是减面燃烧的楔形和增面燃烧的内燃管形的组合,所以能提供恒面性燃烧,又可以通过改变星孔几何参数而获得减面或增面燃烧。此药柱可以压制也可以浇注成形,贴壁浇注时,室壁不与燃气接触而免于受热,因此,发动机工作时间可以长些。

星形装药燃烧结束时有余药,使装药利用率降低,同时也使发动机压力、推力曲线有较长的拖尾现象。药形复杂,药模制造困难,在星角处有应力集中现象,易产生裂纹,使药柱强度降低。

星形装药已被广泛地应用于各种导弹发动机中。据统计,现役的导弹固体火箭发动机中,采用星形装药的约占 40%。

车轮形药柱如图 8.9 所示,这种药形是星形药柱的延伸,它是以药柱外径 D、肉厚 e_1、特征尺寸 l、辐条数 n、圆弧半径 r、辐条夹角 θ、辐条长度 h、幅角系数 ε 以及装药长度 L 来表征的。内孔几何形状不同时,燃烧面积可以在更大的范围内变化。典型的肉厚系数为 0.2 ～ 0.3。

车轮形药柱除具有星形药柱的特点外,还具有如下特点:在外径和长度相同的情况下,其燃烧面积比星形药柱大,形状更为复杂,又有很大悬臂质量的辐条,在受到冲击和振动载荷时,药柱可能出现强度问题。此药形由于肉厚

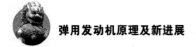
薄,燃烧面积大,故适用于推力大、工作时间短的助推器和点火发动机上。对于经常受到冲击和振动载荷作用的机载导弹发动机不宜采用。

管槽形装药(slotted-tube grain)是指一端开有一个或多个纵向槽的内燃管形药柱。主要几何参数有药柱外径 D、内径 d、药柱圆柱段长度 L、肉厚 e_1、开槽数目 n、开槽长度 l、开槽宽度 b 和相邻槽间夹角 2α,管槽形药柱如图 8.10 所示。

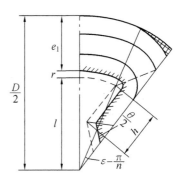

图 8.9　车轮形药柱

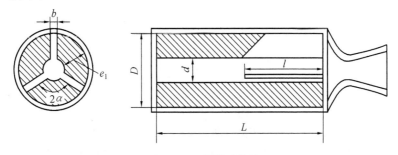

图 8.10　管槽形药柱

开槽可改变药柱的受力状态,调整燃面变化规律,开槽部分提供减面燃烧以补偿管形内孔燃烧的增面性,使之近似呈等面燃烧;在装填系数很高的惯性药柱后端开纵向槽,可提供适当的喉部面积与通道面积比。

管槽药柱的优点是无余药,药形简单,有较高的容积装填系数。但为了防止槽中的燃气与燃烧室内壁接触,需采用隔热措施,使发动机的消极质量增加。管形装药适用于大肉厚(肉厚系数为 0.5 ~ 0.9)、高容积装填系数的中小型固体发动机。

8.4　单室双推力药柱

单室双推力药柱(single chamber dual thrust grain)是指装在一个燃烧室内,发动机工作时能够产生两种推力的药柱。单室双推力药柱主要用于需要在飞行器的助推段提供一个高推力,在续航段提供一个较低推力的场合。

为了获得不同的推力水平组合,常用的单室双推力药柱有以下几种类型(图 8.11):

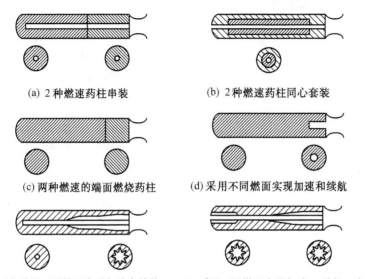

(a) 2 种燃速药柱串装　　　　(b) 2 种燃速药柱同心套装

(c) 两种燃速的端面燃烧药柱　(d) 采用不同燃面实现加速和续航

(e) 采用不同燃面实现加速和续航　(f) 采用不同燃面实现加速－续航－加速

图 8.11　几种单室双推力药柱示意图

（1）采用高低两种燃速的推进剂。采用高低两种燃速的推进剂主要有两种方案:① 将两种燃速的推进剂药柱沿燃烧室轴向分段串联布置(串装药柱)或同心套装,如图 8.11 中的(a)(b)所示。在助推段工作时,高、低两种燃速的药柱同时燃烧(均为侧面燃烧),提供大推力,当高燃速推进剂全部燃完后,助推段工作结束。在续航段工作时,只有剩余的低燃速推进剂药柱燃烧,提供较低的推力。② 用两种燃速的两个端面燃烧药柱实现双推力,如图 8.11(c)所示。在助推段工作时,高燃速推进剂药柱燃烧,提供大推力,当高燃速推进剂全部燃烧完后,助推段工作结束。在续航段工作时,低燃速推进剂药柱燃烧,产生较低的推力。

（2）采用不同燃面的药形来实现加速和续航,如图 8.11 中的(d)(e)(f)所示。

8.5　零维内弹道计算

内弹道一词来源于火炮技术,固体火箭发动机内弹道是指在燃烧室内发

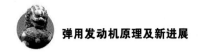
生的各种现象及其压强、推力随时间的变化关系。

8.5.1 零维内弹道的基本方程

零维内弹道模型(zero dimensional interior ballistic model)是固体火箭发动机内弹道计算中采用的一种最经典的模型,它建立在如下假设的基础上:

(1)燃烧室内部的气体参数,如压强 p_1、燃烧温度 T_1 均匀一致。

(2)药柱燃面上各点的燃速相等,且服从指数燃速公式。

(3)燃气服从气体状态方程。

(4)燃烧产物的成分不变,与成分有关的物理量均为常数。

(5)喷管扩张段的燃气已达到超声速,其燃气质量流量 $\dot{m}$ 满足超声速喷管的流量公式。

根据质量守恒定律,药柱单位时间燃烧生成的燃气质量等于流经喷管的质量流量与燃烧室内燃气质量增加率之和,即

$$\rho_{\mathrm{p}} A_{\mathrm{b}} r = \dot{m} + \frac{\mathrm{d}}{\mathrm{d}t}(\rho_1 V_1) \tag{8.17}$$

式中 $\rho_{\mathrm{p}} \backslash \rho_1$—— 推进剂和燃气的密度;

        V_1—— 燃烧室的自由容积;

        A_{b}—— 药柱的燃烧面积;

        r—— 推进剂的燃速。

将燃速公式(8.4)和质量流量公式(3.20)代入上式,得

$$\rho_{\mathrm{p}} A_{\mathrm{b}} a p_1^n = \Gamma(k) \frac{p_1 A_{\mathrm{t}}}{\sqrt{R T_1}} + \rho_1 \frac{\mathrm{d}V_1}{\mathrm{d}t} + V_1 \frac{\mathrm{d}\rho_1}{\mathrm{d}t} \tag{8.18}$$

自由容积的变化是由药柱燃烧引起的,所以

$$\frac{\mathrm{d}V_1}{\mathrm{d}t} = A_{\mathrm{b}} r \tag{8.19}$$

虽然压强 p_1 是时间的函数,但等熵燃烧温度 T_1 几乎是不变的,由气体状态方程 $\rho_1 = p_1 / R T_1$,有

$$\frac{\mathrm{d}\rho_1}{\mathrm{d}t} \approx \frac{1}{R T_1} \frac{\mathrm{d}p_1}{\mathrm{d}t} \tag{8.20}$$

于是有

$$(\rho_{\mathrm{p}} - \rho_1) A_{\mathrm{b}} a p_1^n R T_1 = \Gamma(k) p_1 A_{\mathrm{t}} \sqrt{R T_1} + V_1 \frac{\mathrm{d}p_1}{\mathrm{d}t} \tag{8.21}$$

通常 $\rho_1 \ll \rho_{\mathrm{p}}$,因此,可以略去 ρ_1,并引入特征速度,即

$$C^* = \frac{\sqrt{RT_1}}{\Gamma(k)}$$

于是式（8.21）变为

$$\frac{V_1}{[\Gamma(k)]^2}\frac{\mathrm{d}p_1}{\mathrm{d}t} = (C^*)^2\rho_p A_b a p_1^n - C^* p_1 A_t \tag{8.22}$$

式（8.22）即为零维内弹道计算的基本方程。它表明任一瞬间燃烧室压强的变化率为燃气生成率和流经喷管的质量流量之差，并与推进剂性质和发动机尺寸有关。

一般在稳态燃烧过程中，燃烧室压强变化不大，药柱近乎恒面燃烧，可以认为 $\frac{\mathrm{d}p_1}{\mathrm{d}t} = 0$，此时式（8.22）变为

$$p_1 = (C^*\rho_p aK)^{\frac{1}{1-n}} \tag{8.23}$$

式中　K——燃喉比，$K = A_b/A_t$。

式（8.23）给出了准稳态燃烧的平衡压强。

8.5.2　零维内弹道的近似计算方法

固体火箭发动机工作过程的燃烧室压强－时间曲线分为初始压强上升段、准平衡工作段和压强下降段 3 个阶段。

1. 初始压强上升段

初始压强上升段是发动机的启动阶段，是发动机点火和燃烧室工作压强的建立阶段。

首先点火装置工作，瞬时点燃点火药，高温气体在极短时间内充满燃烧室，使燃烧室压强迅速上升至点火压强。与此同时，点火药燃烧产物对主装药加热并点燃主装药，这一过程就是发动机的点火过程。由于主装药全部点燃，使燃气生成量迅速增大，瞬时超过喷管的质量流量，同时燃烧室的压强迅速上升，又促使喷管质量流量增加，逐步使两者关系趋于相对平衡，经过一个很短时间，燃烧室压强达到相对稳定值，即工作压强。

对于该阶段，式（8.22）可改写成

$$\mathrm{d}t = \frac{V_1}{[\Gamma(k)]^2 C^* A_t} \cdot \frac{\mathrm{d}p_1}{p_1(\rho_p aC^* Kp_1^{n-1} - 1)} \tag{8.24}$$

以点火压强 p_{ig} 作为 $t = 0$ 的初始条件，对式（8.24）积分，考虑到由于初始压强上升过程很快，药柱烧去的体积甚微，可以认为 V_1 和 K 不变，且都等于其初始值。ρ_p、a 和 C^* 取决于推进剂，也可视为常数，有

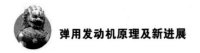
$$t = \frac{1}{(1-n)} \cdot \frac{(V_1)_i}{[\Gamma(k)]^2 C^* A_t} \ln\left[\frac{\rho_p a C^* K - p_{ig}^{1-n}}{\rho_p a C^* K - p_1^{1-n}}\right] \qquad (8.25)$$

式中　$(V_1)_i$——燃烧室的初始自由容积。

经过变换可得在上升段由 t 求其与对应的 p_1 的关系式，即

$$p_1^{1-n} = \rho_p a C^* K - (\rho_p a C^* K - p_{ig}^{1-n}) e^{-\frac{t}{\tau}} \qquad (8.26)$$

式中　　　　　　　$\tau = \frac{(V_1)_i}{(1-n)[\Gamma(k)^2] C^* A_t}$

2. 准平衡工作段

对于准平衡工作段，需由式(8.22)求压强。由于 $de = rdt$，所以式(8.22)可改写为

$$p_1^{1-n} = C^* \rho_p a K - \frac{a V_1}{C^* [\Gamma(k)]^2 A_t} \cdot \frac{dp_1}{de} \qquad (8.27)$$

式中　V_1——燃烧室的瞬时自由容积，$V_1 = A_p L$，其中 A_p 为通道的面积，L 为装药的长度。

对式(8.23)两边取对数，再对 e 求导，得

$$\frac{dp_1}{de} = \frac{p_1}{(1-n)} \cdot \frac{1}{K} \cdot \frac{dK}{de} = \frac{p_1}{(1-n)A_b} \frac{dA_b}{de} \qquad (8.28)$$

由式(8.28)求出 dp_1/de，然后代入式(8.27)，可得瞬时压强 p_1。可见，对于该阶段为了求出瞬时压强 p_1，需要计算瞬时燃烧面积以及燃烧面积的变化。

3. 压强下降段

精确计算压强下降段的压强历程是困难的，因为燃烧室内的温度和压强一起在下降，并通过燃烧室壁向外传热。为了做粗略计算，可假设燃烧室内的温度不变，当 $A_b = 0$ 时，式(8.22)可写成

$$\frac{dp_1}{p_1} = -\frac{C^* [\Gamma(k)]^2 A_t}{(V_1)_f} dt \qquad (8.29)$$

积分得

$$\frac{p_1}{(p_1)_{eq}} = e^{-\frac{C^* [\Gamma(k)]^2 A_t}{(V_1)_f}(t-t_b)} \qquad (8.30)$$

式中　$(V_1)_f$——燃烧室最终自由容积；

　　　$(p_1)_{eq}$——发动机终止燃烧前的最终平衡压强；

　　　t_b——燃烧时间。

8.5.3　装药燃面面积和通道截面积的计算

在进行零维内弹道计算时,需要计算装药燃烧表面的面积。不同内孔形状的装药燃面计算公式不同,本节仅以星形状药为例,给出燃面面积的计算公式。考虑到内弹道计算时,为了判断是否发生侵蚀燃烧,需要计算装药燃烧初期通道的横截面积,因此本节还给出了装药通道截面积的计算方法。

1. 星形装药燃面面积的计算

为了简单起见,假定药柱两端阻燃,药柱的星形内孔通道截面沿轴线处处相等,不考虑星根过渡圆弧。星形药燃面计算可分为星角直边 $\overline{CD}$ 消失前与消失后的两种情况。

如图 8.12 所示,星角直边 $\overline{CD}$ 消失前,半个星角的燃烧边长 s'_1 由两个不断增长的圆弧 $\overline{A_1B_1}$,$\overline{B_1C_1}$ 和一个减小的直边 $\overline{C_1D_1}$ 组成,即

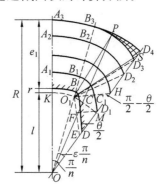

图 8.12　星形装药燃面和通道面积计算示意图

$$s'_1 = \overline{A_1B_1} + \overline{B_1C_1} + \overline{C_1D_1} \tag{8.31}$$

根据几何关系有

$$\overline{A_1B_1} = (l + e + r)(1 - \varepsilon)\frac{\pi}{n}$$

$$\overline{B_1C_1} = (e + r) \cdot \angle B_1O_1C_1 = (e + r)\left(\varepsilon\frac{\pi}{n} + \frac{\pi}{2} - \frac{\theta}{2}\right)$$

$$\overline{C_1D_1} = \overline{O_1E} - \overline{EF} = \frac{l\sin\varepsilon\frac{\pi}{n}}{\sin\frac{\theta}{2}} - (e + r)\cot\frac{\theta}{2}$$

将以上各式代入式(8.31),整理后得

$$s'_1 = \frac{l\sin\varepsilon\frac{\pi}{n}}{\sin\frac{\theta}{2}} + l(1 - \varepsilon)\frac{\pi}{n} + (e + r)\left(\frac{\pi}{2} + \frac{\pi}{n} - \frac{\theta}{2} - \cot\frac{\theta}{2}\right) \tag{8.32}$$

式中　　l——药柱的特征尺寸;

　　　　ε——星角系数;

n—— 星角数；

θ—— 星边夹角；

r—— 星角过渡圆弧半径；

e—— 至某瞬时烧掉的总药柱厚度。

总的燃烧面积为

$$A_b = 2ns'_1 L \tag{8.33}$$

式中　L—— 装药长度；

　　　s'_1—— 星角直边 $\overline{CD}$ 消失前半个星角的燃烧边长。

星角直角 $\overline{CD}$ 消失后，燃烧边长 s'_2 由圆弧 $\overparen{A_2B_2} + \overparen{B_2D_2}$ 组成，即

$$s'_2 = \overparen{A_2B_2} + \overparen{B_2D_2} \tag{8.34}$$

其中

$$\overparen{A_2B_2} = (l + e + r)(1 - \varepsilon)\frac{\pi}{n}$$

$$\overparen{B_2D_2} = (e + r) \cdot \left(\varepsilon \frac{\pi}{n} + \sin^{-1} \frac{l\sin \varepsilon \frac{\pi}{n}}{e + r} \right)$$

于是有

$$s'_2 = (l + e + r)(1 - \varepsilon)\frac{\pi}{n} + (e + r)\left(\varepsilon \frac{\pi}{n} + \sin^{-1} \frac{l\sin \varepsilon \frac{\pi}{n}}{e + r} \right) =$$

$$l(1 - \varepsilon)\frac{\pi}{n} + (e + r)\left[\frac{\pi}{n} + \sin^{-1}\left(\frac{l}{e + r}\sin \varepsilon \frac{\pi}{n} \right) \right] \tag{8.35}$$

总的燃烧面积 A_b 为

$$A_b = 2ns'_2 L \tag{8.36}$$

星角直边 $\overline{CD}$ 消失前后分界点的药柱厚度 e_d 可由下式求出

$$e_d = l\frac{\sin \varepsilon \frac{\pi}{n}}{\cos \frac{\theta}{2}} - r \tag{8.37}$$

可见，当燃烧掉的药柱厚度满足 $e \leq e_d$ 时，用式(8.32)计算半个星角的燃烧边长，当燃烧掉的药柱厚度满足 $e > e_d$ 时，用式(8.35)计算半个星角的燃烧边长。

当燃至 $e = e_1$（e_1 为药柱肉厚）时，通常认为燃烧结束，留下的药块为余药。余药的最大肉厚 e_f 可由下式计算：

$$e_f = \overline{O_1D_4} - r = \sqrt{R^2 + l^2 - 2Rl\cos\varepsilon\frac{\pi}{n}} - r \qquad (8.38)$$

式中　　R——药柱的外半径。

下面给出当 $e_1 < e \leqslant e_f$ 时，余药燃面面积的计算公式。设此时半个星角的燃烧边长为 s_3'，有

$$s_3' = \widehat{PS} = (e + r)\angle PO_1S \qquad (8.39)$$

根据几何关系有

$$\angle PO_1S = \angle PO_1O - \angle SO_1O$$

$$= \cos^{-1}\frac{(e+r)^2 + l^2 - R^2}{2(e+r)l} - \left(\frac{\pi}{2} - \frac{\varepsilon\pi}{n} + \angle MO_1S\right)$$

$$= \cos^{-1}\frac{(e+r)^2 + l^2 - R^2}{2(e+r)l} - \frac{\pi}{2} + \frac{\varepsilon\pi}{n} - \cos^{-1}\left(\frac{l}{e+r}\sin\varepsilon\frac{\pi}{n}\right)$$

将上式代入式(8.39) 得

$$s_3' = (e + r)\left\{\cos^{-1}\frac{(e+r)^2 + l^2 - R^2}{2(e+r)l} - \frac{\pi}{2} + \frac{\varepsilon\pi}{n} - \cos^{-1}\left(\frac{l}{e+r}\sin\varepsilon\frac{\pi}{n}\right)\right\}$$

所以余药的燃面面积为

$$A_b = 2ns_3'L \qquad (8.40)$$

2. 星形装药通道截面积的计算

星形装药的通道截面积随烧去肉厚 e 的增大而增大。这里只给出星角直边 $\overline{CD}$ 消失前通道截面积的计算公式，因为侵蚀燃烧通常发生在这个阶段。设半个星角的通道截面为 A_p'，则有

$$A_p' = S_{\text{扇形}KOO_1} + S_{\triangle OO_1E} + \int_0^{e+r} s_1' \mathrm{d}(e + r) \qquad (8.41)$$

其中

$$S_{\text{扇形}KOO_1} = \frac{1}{2}l^2(1 - \varepsilon)\frac{\pi}{n}$$

$$S_{\triangle OO_1E} = \frac{1}{2}\overline{OE}\cdot\overline{O_1M} = \frac{1}{2}(\overline{OM} - \overline{EM})\cdot\overline{O_1M}$$

$$= \frac{1}{2}\left(l\cos\varepsilon\frac{\pi}{n} - l\sin\varepsilon\frac{\pi}{n}\cot\frac{\theta}{2}\right)\cdot l\sin\varepsilon\frac{\pi}{n}$$

$$\int_0^{e+r} s_1'\mathrm{d}(e+r) = \int_0^{e+r}\left[\frac{l\sin\varepsilon\dfrac{\pi}{n}}{\sin\dfrac{\theta}{2}} + l(1-\varepsilon)\frac{\pi}{n} + \right.$$

$$\left. (e+r)\left(\frac{\pi}{2}+\frac{\pi}{n}-\frac{\theta}{2}-\cos\frac{\theta}{2}\right)\right] d(e+r)$$

$$= l(e+r)\left[\frac{\sin\varepsilon\,\dfrac{\pi}{n}}{\sin\dfrac{\theta}{2}}+(1-\varepsilon)\,\frac{\pi}{n}\right]+$$

$$\frac{1}{2}(e+r)^2\left(\frac{\pi}{2}+\frac{\pi}{n}-\frac{\theta}{2}-\cot\frac{\theta}{2}\right)$$

所以

$$A'_p=\frac{1}{2}l^2(1-\varepsilon)\,\frac{\pi}{n}+\frac{1}{2}\left(\cos\varepsilon\,\frac{\pi}{n}-\sin\varepsilon\,\frac{\pi}{n}\cot\frac{\theta}{2}\right)l^2\sin\varepsilon\,\frac{\pi}{n}+$$

$$l(e+r)\left[\frac{\sin\varepsilon\,\dfrac{\pi}{n}}{\sin\dfrac{\theta}{2}}+(1-\varepsilon)\,\frac{\pi}{n}\right]+$$

$$\frac{1}{2}(e+r)^2\left(\frac{\pi}{2}+\frac{\pi}{n}-\frac{\theta}{2}-\cot\frac{\theta}{2}\right) \tag{8.42}$$

总的通道截面积为

$$A_p=2nA'_p \tag{8.43}$$

思 考 题

1. 简述燃速的测试方法。

2. 常用的燃速经验公式有哪几种？

3. 影响推进剂的燃速有哪些因素？简述调节燃速的主要方法。

4. 复合推进剂中为什么要加入金属燃烧剂？

5. 推进剂装药的初温为什么会影响燃速？

6. 简述药形的分类。

7. 端面燃烧药柱、管形药柱、星形药柱、车轮形药柱、管槽形药柱有何特点？

8. 试说出几种典型的单室双推力药柱。

9. 建立内弹道零维模型时采用了哪些假设？

习　　题

1. 证明温度敏感系数 σ_p 和 π_K 之间满足如下关系：$\pi_K = \sigma_p/(1-n)$。

2. 假设固体推进剂的燃速服从指数燃速公式 $r = 5.25 p_1^n$，其中 p_1 的单位为 MPa，r 的单位为 mm/s。试画出当 $n = 0.3$、$n = 0.5$ 和 $n = 0.8$ 时，燃速随燃烧室压力的变化曲线，假设燃烧室压力的变化范围为 $11 \sim 20$ MPa。

3. 对于给定的恒面燃烧的推进剂，在恒定的燃面中，燃速的压力敏感系数为 $\pi_K = 0.24\%/\text{K}$，压强指数为 0.18。在燃烧室压力 $p_1 = 6.92$ MPa，推进剂温度为 20 ℃ 时，燃速为 8 mm/s，有效的额定燃烧时间为 50 s 时，确定推进剂温度在 -40 ℃ 和 50 ℃ 变化时，p_1 和 t_1 的变化。

4. 一端面燃烧药柱所采用的推进剂的主要参数如下：燃速的温度敏感系数为 $\sigma_P = 0.11\%/\text{K}$，压强指数为 0.15。在燃烧室压力 $p_1 = 4.9$ MPa，推进剂温度为 20 ℃ 时，燃速为 7 mm/s，有效的额定燃烧时间为 136 s 时，试求推进剂温度为50 ℃ 和 -25 ℃，燃烧室压力 $p_1 = 4.9$ MPa 时推进剂的燃速。

5. 一固体火箭发动机具有端面燃烧装药，发动机的海平面额定特性如下：推力为 4 700 N，燃烧时间为 14 s，喷管面积比为 10.0，燃烧室压力为 6.894 MPa，比冲为260 s，总冲重量比为 96 时，使用的推进剂为 PB/AP/Al，密度为1 800 kg/m³，燃速为 1.98 cm/s。（1）试求出总冲、推进剂质量、装药的几何形状和结构部件质量。（2）对该火箭发动机，假设燃速的温度敏感系数为0.01%/K，它不随温度而变。求出在 245 K 和 328 K 时的推力和燃烧时间。

6. 一固体火箭发动机燃烧室压力为 14 MPa、燃气温度为 2 220 K、相对分子质量为 23、比定压热容与比定容热容之比为 1.27、推进剂的燃速为 38 mm/s，密度为1.71 g/cm³、燃速的压力指数为0.3、燃速的温度敏感系数为0.7%/K，求：（1）燃面面积与喷管喉部面积之比；（2）如果燃烧室压力提高15%，求燃面面积与喷管喉部面积之比。

7. 以习题 6 给定的条件初步设计一个火箭发动机，海平面推力为 5 000 N，总冲重量比为 150 s，工作时间为 15 s，假设推力修正系数为 0.96，比冲效率为0.92，确定发动机的主要尺寸以及近似重量。

第 9 章

冲压发动机

本章主要讨论亚燃冲压发动机,首先介绍了表征进气道工作性能的参数、超声速进气道的分类、燃烧室的特点和尾喷管的参数计算等,然后给出了冲压发动机的主要性能参数和特征截面流动参数的计算方法。

9.1　冲压发动机概述

　　冲压发动机由进气道、燃烧室和尾喷管组成。发动机的迎面来流首先进入进气道,并在其内滞止减速增压,滞止到一定速度的气流进入燃烧室,与燃料迅速掺合,在接近等压条件下进行燃烧,提高气体的温度和焓值,完成加热过程,燃烧后的高压、高温燃气经尾喷管加速后排出,从而产生反作用力即推力。

　　图9.1示出了冲压发动机的各特征截面,图中0截面为自由流入口截面,1截面为发动机进气道入口截面,c截面为进气道唇口截面,2截面为进气道出口截面(燃烧室入口截面),4截面为燃烧室出口截面(尾喷管入口截面),e截面为发动机喷管出口截面。其中燃烧室内分为两段,一段位于2-3截面间,为空气和燃油的掺混段,另一段位于3-4截面间,为混气的燃烧段。

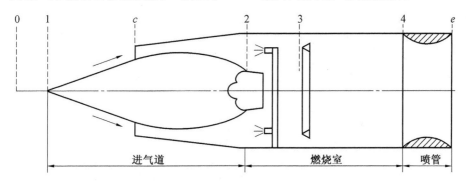

图9.1　冲压发动机的各特征截面示意图

9.1.1　进气道

　　进气道(inlet)是指发动机流管中位于燃烧室入口之前的部分,其作用是为发动机引入足够流量的空气,并对空气流进行减速增压。进气道在实现上述功能时必须保证总压损失和产生的外阻力尽可能小,同时要尽量避免过大的空间和时间上的气流不均匀性。

1. 进气道的基本参数

　　表征进气道工作性能的参数主要有总压恢复系数、质量流量系数、附加阻力特性和畸变指数。

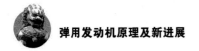

(1) **进气道总压恢复系数**(inlet total pressure recovery coefficient)。

进气道总压恢复系数 σ_{in} 定义为进气道出口截面空气总压和自由流总压的比值,即

$$\sigma_{in} = \frac{p_2^*}{p_0^*} = \frac{p_2^*}{p_0\left(1 + \dfrac{k-1}{2}Ma_0^2\right)^{\frac{k}{k-1}}} \tag{9.1}$$

式中 p_0^*——自由流的总压;

        p_2^*——进气道出口截面空气总压。

进气道总压损失主要有黏性损失和激波损失两种,进气道总压恢复系数表示总压损失的大小,σ_{in} 越大则损失越小。若气流动能完全损耗,则滞止后压力并不上升,$p_2^* = p_0$,在这种情况下进气道内的总压恢复系数达到最低极限值$(\sigma_{in})_{min}$,其计算式如下:

$$(\sigma_{in})_{min} = \frac{p_0}{p_0^*} = \frac{1}{\left(1 + \dfrac{k-1}{2}Ma_0^2\right)^{\frac{k}{k-1}}} \tag{9.2}$$

(2) **进气道质量流量系数**(inlet mass-flow coefficient)。

进气道质量流量系数 φ_{in} 定义为进入进气道的实际空气质量流量 $\dot{m}$ 与进口前未扰动自由流直接可以进入进气道的空气质量流量 $\dot{m}_c$ 之比,即

$$\varphi_{in} = \frac{\dot{m}}{\dot{m}_c} = \frac{\rho_0 v_0 A_0}{\rho_0 v_0 A_c} = \frac{A_0}{A_c} \tag{9.3}$$

式中 A_0——进气道实际捕获的空气所对应的自由管流的横截面积;

        A_c——进气道唇口截面的横截面积。

进气道质量流量系数反映了进气道入口前的气流波系结构相对于外罩唇口的位置,其与飞行马赫数 Ma_0、进气道出口背压和飞行攻角有关。当外压激波打到唇口之前时,进气道质量流量系数小于1,随着外压激波向唇口靠近,进气道质量流量系数逐渐增大,直到外压激波打到唇口或之后时,进气道质量流量系数等于1。

(3) **进气道阻力系数**(inlet drag coefficient)。

进气道阻力系数 C_D 定义为进气道的总阻力与自由流动压和参考面积乘积之比,即

$$C_D = \frac{D}{\dfrac{1}{2}\rho_0 v_0^2 A_{ref}} \tag{9.4}$$

式中 D——进气道的总阻力;

ρ_0、v_0——分别为来流的密度和速度；

A_{ref}——参考面积，一般取唇口截面积 A_c 或进气道最大横截面积。

（4）**进气总压畸变指数**（inlet total pressure distortion）

进气道的流场畸变主要是指进气道出口截面上气流流动参数的不均匀分布。通常着重讨论的是进气道出口截面气流总压的不均匀性，用进气总压畸变指数来表征，其定义为

$$D_p = \frac{p^*_{max} - p^*_{min}}{\bar{p}^*} \qquad (9.5)$$

式中　　D_p——总压畸变指数；

p^*_{max}——进气道出口截面上的最大总压；

p^*_{min}——进气道出口截面上的最小总压；

$\bar{p}^*$——进气道出口截面上的平均总压。

进气道出口流场产生畸变的原因主要有进气道内型面转弯和扩张、激波 - 附面层干扰、大攻角飞行引起气流分离等。过大的进气道出口流场畸变将降低燃烧室内燃料的燃烧效率，还可能引发进气道的喘振，降低进气道的稳定裕度。

2. 进气道的分类

由于绝大多数冲压发动机都工作在超声速飞行条件下，故属于超声速进气道的范畴。

超声速进气道按照激波相对于进气道进口截面位置来分类，可分为外压式进气道、内压式进气道和混压式进气道。

（1）**外压式进气道**（external compression inlet）。

在外压式进气道中对来流的压缩是在进气道进口之前完成的。如图 9.2 所示，超声速来流在到达进气道进口截面之前，经过一系列斜激波减速增压，然后在进气道进口截面处经过一道正激波而降为亚声速气流，最后亚声速气流进入进气道，在扩张通道内进一步压缩。外压式进气道的外阻力较大，总压损失也较大，但外压式进气道不存在启动问题，一般可以在飞行马赫数 $Ma_0 = 2.0 \sim 2.5$ 范围内使用。

（2）**内压式进气道**（internal compression inlet）。

内压式进气道的几何形状类似于拉瓦尔喷管，但气流在其内的流动规律却与拉瓦尔喷管有明显的不同。通常将进气道的喉道面积设计得比等熵减速时喉道截面达到声速的理想喉道面积稍大，使超声速气流在喉道或喉道稍下游产生正激波，波后的亚声速气流在扩张通道内进一步减速增压，如图 9.3 所

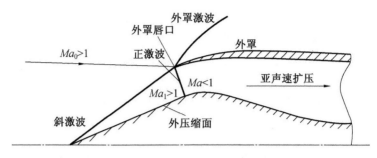

图 9.2　外压式超声速进气道结构示意图

示。对于一定形状的内压式进气道而言,正激波在喉道下游的具体位置,由飞行状态(马赫数、攻角等)和进气道出口的反压条件共同决定。当内压式进气道出口反压足够高,将会把正激波推出进气道进口而在进气道外形成脱体弓形激波,这种内压式进气道激波处于进口前的流动状态称为不启动状态,而启动状态就是进气道的喉道处建立了超声速流动的工作状态。内压式进气道的外阻力和总压损失通常都很小,但由于存在严重的启动问题,因此还没有得到实际使用。

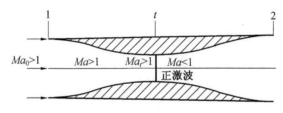

图 9.3　内压式超声速进气道结构示意图

（3）混压式进气道(mixed compression inlet)。

当飞行马赫数 $Ma_0 > 2.5$ 时,外压式进气道外阻较高。为了降低外阻,获得较高的总压恢复系数,可采用混压式进气道。混压式进气道如图 9.4 所示,进气道由进气道口之前的外部通道和进气道口之后的先收缩后扩张的内部通道组成。超声速来流先在混压式进气道口外部激波系中滞止,在进气道进口仍然保持超声速流动,然后在收缩通道内经过一系列激波进一步压缩,气流马赫数在喉道截面处减速到大于1的某个值,最后在扩张管道内紧靠喉道下游某个位置形成正激波,波后亚声速流动在扩张段内继续压缩。混压式进气道由于存在几何内收敛段,所以也存在启动问题,但其启动问题较易解决。这种进气道在超声速导弹上得到了应用。

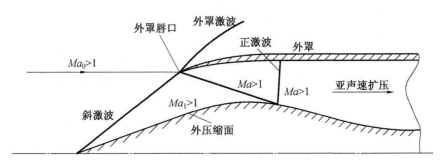

图9.4　混压式超声速进气道结构示意图

9.1.2　燃烧室

燃烧室是燃料与来流空气进行混合与燃烧的场所,在燃烧室中燃料的化学能以热能的形式释放出来,产生高温高压燃气。因此燃烧室需要保证:①能够快速可靠地点火启动;②在预定工作范围内稳定燃烧,不产生强烈振动;③燃料在燃烧室内最大限度地燃烧完全,有尽可能高的燃烧效率;④总压损失尽量小。

亚燃冲压发动机的燃烧室由预燃室、火焰稳定器、喷嘴环和火焰筒等部件组成。预燃室是指设置在燃烧室中的小燃烧室,其内只进入少部分燃料和空气,用以保证燃烧室的可靠点火和稳定燃烧。特别是当冲压发动机飞行马赫数较低时,预燃室对于可靠点火和稳定燃烧起到了非常重要的作用。火焰稳定器是燃烧室中组织燃烧的关键部件,用以保持可燃混气在高速气流(燃烧室内气流速度为 50 ~ 150 m/s)中的燃烧。亚燃冲压发动机中的火焰稳定器主要采用钝体火焰稳定器,其结构形式有 V 形槽式、蒸发式、沙丘式和筐式等,这些不同结构形式的稳定器在燃烧室内成为钝体障碍物,其增强了主流的湍流度,有利于火焰传播;同时迎面来流沿钝体表面流到钝体后缘,产生附面层分离,形成回流区。在回流区内,当可燃混气达到点火条件时被点燃。高温燃烧产物通过回流区返回上游形成稳定连续的点火源。喷嘴环是冲压发动机的喷油装置,喷嘴环上安装喷嘴,喷嘴的形式有直流喷嘴和离心喷嘴两种,对喷嘴的要求是物化性能要好。火焰筒是燃烧室中承受热负荷和防止振荡燃烧的组件。火焰筒表面开有小孔,以便于筒外冷气进入火焰筒内,不断形成气膜,保护火焰筒内壁。

燃烧室内的工作过程如下:

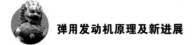
（1）气流流动过程。

燃烧室中气流流动速度很高,燃烧在高速气流中进行,因此,燃烧室内气流速度场的分布对于燃烧效率、火焰长度、燃烧稳定性等有决定性的影响。应该合理地确定燃烧室进口的气流速度,正确安排火焰稳定器的位置,确保在稳定器后形成气流的回流区,稳定火焰。

（2）燃油传播过程。

在喷嘴压差的作用下,燃料雾化成细小的颗粒,然后这些颗粒在气动力和环境温度作用下沿着各自的轨迹边运动、边蒸发,燃油蒸汽在气流中扩散并进行紊流换热,在燃烧室内形成一定的燃油浓度场。为了得到良好的燃油浓度场,应合理选择喷嘴和供油压力,合理安排喷嘴位置。

（3）可燃混合物的形成、着火与燃烧过程。

燃料所形成液滴群在燃烧室中边运动、边蒸发、边扩散、边掺和,在稳定器后方形成可燃混气分布,这时燃烧室的着火将取决于可燃混气的油气比、点火能量、燃烧反应所需的时间以及可燃烧混合气分子在回流区中的停留时间。可燃混气一经点燃,在稳定器后方立即形成高温回流区,它成为一个热源,迅速提高混气温度,这时全部燃油液滴将迅速气化,形成新鲜的可燃混合,高温混流区充满了燃烧产物,不断更新并输送燃烧产物到环流区的顺向流动中去,这就形成了新的点火源,点燃新鲜混气,使燃烧区域不断扩大,充满了整个燃烧室。

（4）燃烧室壁面的冷却过程。

冲压发动机的燃烧室处于高温火焰和高速燃气的作用下,为确保火焰筒和燃烧室壁面温度比较均匀,并保持在材料热强度容许的范围内,需采用气膜冷却的方法对火焰筒和燃烧室壁面进行冷却。方法是将火焰筒分为若干段,并在每一段上钻孔,使筒外的冷气进入内面,不断形成新的较冷的气体内膜,保护火焰筒内壁。

9.1.3 尾喷管

在冲压发动机中尾喷管的主要作用是将从燃烧室流出的高温、高压燃气进行加速、降温、降压,从而使燃气从喷管中高速喷出产生推力。

尾喷管的出口速度和流量公式与化学火箭发动机类似。由能量方程可得尾喷管出口截面的气流速度为

$$v_e = \sqrt{2(h_4 - h_e)} = \sqrt{\frac{2k}{k-1}RT_4^*\left[1 - \left(\frac{p_e}{p_4^*}\right)^{\frac{k-1}{k}}\right] + v_4^2} \qquad (9.6)$$

式中　v_4—— 尾喷管入口截面的气流速度；

　　　v_e—— 尾喷管出口截面的气流速度；

　　　p_4^*、T_4^*—— 尾喷管入口截面的总压和总温；

　　　p_e—— 尾喷管出口截面的压强。

可见尾喷管的出口速度与压力比 $\dfrac{p_4^*}{p_e}$ 有关,压力比越大,出口速度越大。

通过尾喷管出口的燃气质量流量为

$$\dot{m}_e = \Gamma(k)\frac{p_4^* A_e}{\sqrt{RT_4^*}}q(Ma_e) = \Gamma(k)\frac{p_4^* A_e}{\sqrt{RT_4^*}}q(\lambda_e) \tag{9.7}$$

式中　A_e—— 尾喷管出口的横截面积。

若尾喷管喉部达到临界,则尾喷管内流量达到最大值,此时有

$$\dot{m}_e = \dot{m}_{max} = \Gamma(k)\frac{p_4^* A_t}{\sqrt{RT_4^*}} \tag{9.8}$$

式中　A_t—— 尾喷管喉部的横截面积。

亚燃冲压发动机的尾喷管主要采用轴对称尾喷管和二维收扩尾喷管(2Dimensional Convergent Divergent,2DCD)。二维收扩尾喷管的横截面不是圆形,通常为矩形,其优点是便于和飞行器一体化设计。轴对称尾喷管又分为收敛尾喷管、收敛 - 扩张尾喷管和塞式尾喷管 3 种。收敛尾喷管的结构有固定式和可调式两种形式,其突出特点是结构简单、质量轻,并且在压力比小于 5 的范围内具有良好的性能,故一般用于亚声速飞行或短程超声速飞行器的冲压发动机中。收缩 - 扩张尾喷管,即拉瓦尔喷管,该喷管的各种工况在 2.6 节中已有详细讨论。当要求冲压发动机在宽广的飞行范围内都具有良好的性能时,可以考虑用塞式尾喷管。亚声速燃气流在内喷管膨胀加速,流出内喷管后继续膨胀。在内喷管外的塞锥以外的一侧,燃气流和环境大气形成流动边界,起流动壁面的作用,于是可以根据不同飞行高度时的大气压力和燃气流压力的匹配关系,自动收敛或扩张,从而具有一定的自适应高度补偿的特性。

9.2　冲压发动机的性能参数

9.2.1　推　力

空气喷气式发动机属于吸气式发动机,两端开口,因此其推力公式与火箭

发动机略有不同。为简单起见,以冲压发动机为研究对象推导空气喷气发动机的推力公式。

发动机的有效推力 F_{eff} 定义为作用于发动机内、外表面上所有力的合力的轴向分量。由定义得

$$\boldsymbol{F}_{eff} = \boldsymbol{F}_{in} + \boldsymbol{F}_{ex} \tag{9.9}$$

式中　$\boldsymbol{F}_{in}$、$\boldsymbol{F}_{ex}$——作用在发动机内表面和外表面上的力。

如图 9.5 所示,取飞行器的飞行方向为正方向,则式(9.9)沿发动机轴向的分量形式为

$$F_{eff} = F_{in} - F_{ex} \tag{9.10}$$

作用在发动机外表面上的力包括作用于外表面上的大气的压力和摩擦力,有

$$F_{ex} = \int_1^e p_{ex} \mathrm{d}A + X \tag{9.11}$$

式中　p_{ex}——外部气流的压强;

　　　X——外部气流对发动机外表面的摩擦力的大小。

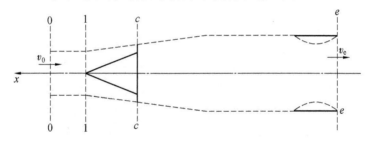

图 9.5　推导推力公式用图

发动机内表面合力 F_{in} 可以用动量方程求得。选取图 9.5 中虚线部分所围成的封闭区域为控制体,对选取的控制体内的流体应用动量方程,仍然规定与飞行器运动方向一致的作用力为正,则有

$$-p_0 A_0 - \int_0^1 p_{ex} \mathrm{d}A - F_{in} + p_e A_e = -\dot{m}_e v_e + \dot{m}_0 v_0 \tag{9.12}$$

所以

$$F_{in} = (\dot{m}_e v_e - \dot{m}_0 v_0) + p_e A_e - p_0 A_0 - \int_0^1 p_{ex} \mathrm{d}A \tag{9.13}$$

将式(9.11)和式(9.13)代入式(9.10)得

$$F_{eff} = (\dot{m}_e v_e - \dot{m}_0 v_0) + (p_e A_e - p_0 A_0) - \int_0^e p_{ex} \mathrm{d}A - X \tag{9.14}$$

若 A_{con} 表示控制体的表面积,由于 $\displaystyle\int_{A_{con}} p_0 \mathrm{d}A = 0$,则有

$$\int_0^e p_0 \mathrm{d}A - p_0(A_e - A_0) = 0 \qquad (9.15)$$

考虑到式(9.15),则式(9.14)可变为

$$F_{\mathrm{eff}} = \dot{m}_e v_e - \dot{m}_0 v_0 + A_e(p_e - p_0) - \int_0^e (p_{\mathrm{ex}} - p_0)\mathrm{d}A - X \qquad (9.16)$$

式(9.16)为空气喷气发动机的有效推力的一般表达式。

式(9.16)中的前 3 项是由发动机内部工作过程所产生的推力,通常将这部分推力称为发动机的推力,又称为内推力,用 F 表示,即

$$F = \dot{m}_e v_e - \dot{m}_0 v_0 + (p_e - p_0)A_e \qquad (9.17)$$

式中　$\dot{m}_e$——燃气的质量流量;

　　　$\dot{m}_0$——空气的质量流量;

　　　v_0——远前方自由流的速度;

　　　v_e——尾喷管的出口速度;

　　　p_e——尾喷管的出口压强;

　　　A_e——尾喷管的出口横截面积。

式(9.17)表明空气喷气发动机的推力由两个分量组成,第 1 个分量 $\dot{m}_e v_e - \dot{m}_0 v_0$ 表示流过发动机的气体的动量变化率,称为动量推力;第二个分量是由喷管出口存在的剩余压强而产生的,称为压力推力。式(9.17)适用于任何类型的空气喷气式发动机。

喷管出口燃气的质量流量可表示为

$$\dot{m}_e = \dot{m}_0 + \dot{m}_f = \dot{m}_0(1 + f) \qquad (9.18)$$

式中　$\dot{m}_f$——燃料的质量流量;

　　　f——油气比,$f = \dfrac{\dot{m}_f}{\dot{m}_0}$。

将式(9.18)代入式(9.17)得

$$F = \dot{m}_0[(1 + f)v_e - v_0] + (p_e - p_0)A_e \qquad (9.19)$$

若燃气在尾喷管中完全膨胀($p_e = p_0$),并忽略燃气质量流量与空气质量流量的差别($\dot{m}_e = \dot{m}_0, f = 0$),则式(9.19)变为

$$F = \dot{m}_0(v_e - v_0) \qquad (9.20)$$

式(9.20)表明空气喷气发动机的推力与飞行速度 v_0 有关,并且通常要求 $v_e > v_0$,否则会产生负推力,这一点与火箭发动机完全不同。

9.2.2　比冲和单位燃油消耗率

比冲定义为单位质量流量的燃料所产生的发动机的推力,若尾喷管完全

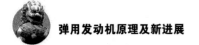

膨胀,则有

$$I_s = \frac{F}{g_0 \dot{m}_f} = \frac{\dot{m}_0 \left[(1 + f) v_e - v_0 \right]}{g_0 \dot{m}_f} = \frac{1}{g_0 f} \left[(1 + f) v_e - v_0 \right] \qquad (9.21)$$

每小时产生单位推力所消耗的燃油质量称为单位燃油消耗率,用 sfc 表示,有

$$\text{sfc} = \frac{3\,600 \dot{m}_f}{F} = \frac{3\,600 Q_0}{F H_u} \qquad (9.22)$$

式中　H_u——1 kg 燃料完全燃烧的低热值;

　　　Q_0—— 每秒加入到发动机内的燃料完全燃烧产生的热量。

比冲和单位燃油消耗率都是评定发动机经济性能的重要参数,冲压发动机的比冲 I_s 与单位燃油消耗率 sfc 取决于燃油性质、发动机结构、飞行高度和飞行速度。

9.2.3　推力系数

推力系数 C_F 定义为单位迎风面积的推力与自由来流的动压 $\frac{1}{2} \rho_0 v_0^2$ 的比值,即

$$C_F = \frac{F}{\frac{1}{2} \rho_0 v_0^2 A_0} \qquad (9.23)$$

式中　A_0—— 自由来流流管的横截面积。

若忽略燃气质量流量与空气质量流量的差别($f = 0$),并考虑到 $\dot{m}_e = \dot{m}_0 = \rho_e v_e A_e = \rho_0 v_0 A_0$,$v_e^2 = kRT_e Ma_e^2$,$v_0^2 = kRT_0 Ma_0^2$ 以及完全气体的状态方程,则式(9.19)可变为另一种形式

$$F = k Ma_e^2 A_e p_e - k Ma_0^2 A_0 p_0 + (p_e - p_0) A_e \qquad (9.24)$$

将式(9.24)代入式(9.23)得

$$C_F = 2 \left(\frac{v_e}{v_0} - 1 \right) + \frac{2}{k Ma_0^2} \frac{A_e}{A_0} \left(\frac{p_e}{p_0} - 1 \right) \qquad (9.25)$$

式(9.25)表明,对于冲压发动机,在来流马赫数 Ma_0 一定的情况下,推力系数主要取决于速度比 v_e/v_0、面积比 A_e/A_0 和压力比 p_e/p_0,要想提高推力系数,可以通过增大速度比或者增大压力比来实现。

9.2.4　各种效率

1. 循环热效率

亚燃冲压发动机的实际工作循环如图9.6所示,图中点0表示发动机前未扰动状态。进气道内的压缩对应 $0-2'-5-2$,即超声速压缩至状态 $2'$ 后,在进气道扩张段形成正激波,沿着 $2'-5$ 过程使得波后流动跃至同一瑞利线的亚音速分支,紧接着波后气流在进气道亚音速扩张段进一步压缩,至进气道出口到达图中状态2。燃烧室内的燃烧过程对应于 $2-4$,气流在尾喷管中的膨胀过程对应 $4-e$,燃气离开发动机的散热过程对应 $e-0$。

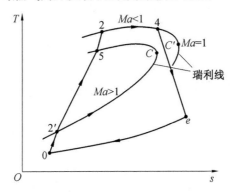

图 9.6　亚燃冲压发动机的工作循环 T-s 图

循环有效功 L_e 为

$$L_e = q_1 - q_2 \tag{9.26}$$

式中,q_1、q_2 分别为加热过程的加热量和放热过程的放热量,有

$$q_1 = \int_2^4 T\mathrm{d}s, \quad q_2 = \int_0^e T\mathrm{d}s$$

循环有效功率 P_{cy} 为

$$P_{cy} = \frac{1}{2}(\dot{m}_e v_e^2 - \dot{m}_0 v_0^2) \tag{9.27}$$

循环的热效率是循环有效功与加热量之比,用 η_{tc} 表示,有

$$\eta_{tc} = \frac{L_e}{q_1} = \frac{P_{cy}}{Q_1} \tag{9.28}$$

式中　Q_1 —— 每秒加入到发动机内的燃料燃烧产生的热量。

$$Q_1 = \eta_b \dot{m}_f H_u \tag{9.29}$$

式中　η_b —— 燃烧效率。

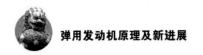

将式(9.27) 和式(9.29) 代入式(9.28) 得

$$\eta_{tc} = \frac{\dot{m}_0 \left[(1 + f) v_e^2 - v_0^2 \right]}{2 \dot{m}_f H_u \eta_b} \tag{9.30}$$

2. 发动机的热效率

发动机的热效率定义为气流通过发动机的动能增量与燃烧室内燃料完全燃烧所释放的热能之比,用 η_{th} 表示,有

$$\eta_{th} = \frac{\frac{1}{2} (\dot{m}_e v_e^2 - \dot{m}_0 v_0^2)}{\dot{m}_f H_u} = \frac{\dot{m}_0 \left[(1 + f) v_e^2 - v_0^2 \right]}{2 \dot{m}_f H_u} \tag{9.31}$$

由式(9.30) 和式(9.31),可得

$$\eta_{th} = \eta_{tc} \eta_b \tag{9.32}$$

发动机的热效率考虑了燃料的化学能转变为循环功过程中的全部损失。

3. 推进效率

发动机的推进效率定义为传递给飞行器的推进功率 $P_{vehicle}$ 与发动机循环有效功率 P_{cy} 之比,即

$$\eta_p = \frac{P_{vehicle}}{P_{cy}} = \frac{F v_0}{\frac{1}{2} (\dot{m}_e v_e^2 - \dot{m}_0 v_0^2)} = \frac{2 F v_0}{\dot{m}_0 \left[(1 + f) v_e^2 - v_0^2 \right]} \tag{9.33}$$

将式(9.20) 代入式(9.33) 中,并忽略燃气质量与空气质量流量的差别,得

$$\eta_p = \frac{\dot{m}_0 (v_e - v_0) v_0}{\frac{1}{2} \dot{m}_0 (v_e^2 - v_0^2)} = \frac{2}{1 + v_e / v_0} \tag{9.34}$$

由式(9.34) 可知:

(1) 推进效率决定于速度比 v_e / v_0。当 $v_e = v_0$ 时,$\eta_p = 1$,但此时推力 $F = 0$。

(2) 一般情况总是 $v_e > v_0$,$\eta_p < 1.0$,因此,欲获得高的推进效率,必须设法降低排气速度。

4. 总效率 η_0

总效率 η_0 定义为发动机的推进功率 $P_{vehicle}$ 与单位时间燃料完全燃烧产生的热量 Q_0 之比,其表示每秒加入发动机的燃料完全燃烧产生的热量有多少转变为推动飞行器前进的推进功率,有

$$\eta_0 = \frac{P_{vehicle}}{Q_0} = \frac{F v_0}{Q_0} = \frac{F v_0}{P_{cy}} \cdot \frac{P_{cy}}{Q_1} \cdot \frac{Q_1}{Q_0} = \eta_p \cdot \eta_{tc} \cdot \eta_b = \eta_p \eta_{th} \tag{9.35}$$

将 $\eta_0 = \dfrac{Fv_0}{Q_0}$ 代入式(9.22) 得

$$\text{sfc} = \frac{3\,600v_0}{H_u\eta_0} = \frac{3\,600a_0Ma_0}{H_u\eta_0} \tag{9.36}$$

式中　a_0——飞行器远前方自由来流的声速;

　　　Ma_0——飞行器远前方自由来流的马赫数。

上式表明,在一定的飞行速度下,耗油率 sfc 与总效率成反比。

9.3　冲压发动机特征截面气流参数计算

计算时已知的原始数据如下:

(1) 发动机的飞行高度 H,飞行马赫数 Ma_0,根据飞行高度查大气表可得自由流参数 T_0 和 p_0。

(2) 进气道的总压恢复系数 σ_{in}、质量流量系数 φ_{in}、尾喷管的总压恢复系数。

计算时还采用如下假设:

(1) 工质是完全气体,比定压热容 c_p、比定容热容 c_V 和比定压热容与比定容热容之比 k 为常数。

(2) 在冲压发动机内的流动为一维流动,即气流参数沿整个横截面不变。

(3) 发动机内外通道无热交换,即燃烧前气流的总温等于来流总温,$T_0^* = T_1^* = T_2^* = T_3^*$,燃烧后至尾喷管出口的总温相同,$T_4^* = T_e^*$。

① 0 截面处。

自由流的速度 v_0 为

$$v_0 = Ma_0\sqrt{kRT_0} \tag{9.37}$$

由式(2.17)、式(2.19) 和式(2.20) 可得 0 截面处自由流的滞止参数为

$$T_0^* = T_0\left[1 + \frac{1}{2}(k-1)Ma_0^2\right] \tag{9.38}$$

$$p_0^* = p\left[1 + \frac{1}{2}(k-1)Ma_0^2\right]^{\frac{k}{k-1}} \tag{9.39}$$

$$V_0^* = V\left[1 + \frac{1}{2}(k-1)Ma_0^2\right]^{\frac{1}{1-k}} \tag{9.40}$$

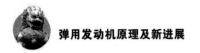

自由流的速度系数为

$$\lambda_0 = \frac{v_0}{a_{cr}} = \frac{v_0}{\sqrt{\dfrac{2kRT_0^*}{k+1}}} \tag{9.41}$$

由式(2.35)可得进入发动机的空气质量流量为

$$\dot{m}_0 = \rho_0 v_0 A_0 = \frac{\Gamma(k) p_0^* q(\lambda_0) \varphi_{in} A_c}{\sqrt{RT_0^*}} \tag{9.42}$$

式中

$$\Gamma(k) = \sqrt{k\left(\frac{2}{k+1}\right)^{\frac{k+1}{k-1}}}$$

②0 – 2 截面。

假设 0 – 2 截面为绝热流动,有 $T_2^* = T_0^*$,2 截面的滞止压力为 $p_2^* = \sigma_{in} p_0^*$。考虑到通过 0 截面和 2 截面的空气质量流量不变,有

$$\Gamma(k) \frac{p_0^* A_c \varphi_{in}}{\sqrt{RT_0^*}} q(\lambda_0) = \Gamma(k) \frac{p_2^* A_2}{\sqrt{RT_2^*}} q(\lambda_2)$$

由上式可得

$$q(\lambda_2) = \frac{\varphi_{in} q(\lambda_0)}{\sigma_{in}} \frac{A_c}{A_2} \tag{9.43}$$

由 $q(\lambda_2)$ 可求出 λ_2 或 Ma_2。2 截面处空气的静温、静压和比容分别为

$$\frac{T_2}{T_0} = \frac{T_0^*}{T_0} \cdot \frac{T_2}{T_2^*} = \frac{1 + \dfrac{k-1}{2} Ma_0^2}{1 + \dfrac{k-1}{2} Ma_2^2} \tag{9.44}$$

$$\frac{p_2}{p_0} = \left(\frac{1 + \dfrac{k-1}{2} Ma_0^2}{1 + \dfrac{k-1}{2} Ma_2^2}\right)^{\frac{k}{k-1}} \tag{9.45}$$

$$\frac{V_2}{V_0} = \left(\frac{1 + \dfrac{k-1}{2} Ma_0^2}{1 + \dfrac{k-1}{2} Ma_2^2}\right)^{\frac{1}{1-k}} \tag{9.46}$$

2 截面处空气的速度为

$$v_2 = a_2 \cdot Ma_2 = Ma_2 \sqrt{kRT_2} \tag{9.47}$$

③2 – 4 截面。

2 – 4 截面间包括 2 – 3 截面间的掺混段和 3 – 4 截面间的空气与燃油的

燃烧段。在掺混段中,气流通过整流格栅、喷嘴环、预燃室和火焰稳定器时存在流动阻力,于是会产生流阻损失,主要表现在压降损失上,通常用总阻力系数来表征流阻损失,其定义为

$$\xi_\Sigma = \frac{\Delta p_\Sigma}{\dfrac{\rho_2 v_2^2}{2}} \tag{9.48}$$

式中　　ξ_Σ——总阻力系数,其大小取决于燃烧室的结构,需要实验测定;

　　　　Δp_Σ——总的压力损失,$\Delta p_\Sigma = \Delta p_g + \Delta p_e + \Delta p_s$、$\Delta p_g$、$\Delta p_e$ 和 Δp_s 分别为格栅、喷嘴环和火焰稳定器造成的压力损失;

　　　　ρ_2、v_2——燃烧室进口气流密度和速度。

掺混段的总压恢复系数 σ_{23} 为

$$\sigma_{23} = \frac{p_3^*}{p_2^*} = 1 - \frac{\Delta p_\Sigma}{p_2^*} = 1 - \xi_\Sigma \frac{k}{k+1}\lambda_2^2 \varepsilon(\lambda_2) \tag{9.49}$$

式中

$$\varepsilon(\lambda_2) = \left(1 - \frac{k-1}{k+1}\lambda_2^2\right)^{\frac{1}{k-1}}$$

利用式(9.49)计算总压恢复系数 σ_{23},然后再利用

$$\sigma_{23} = \frac{p_3^*}{p_2^*} = \frac{q(\lambda_2)}{q(\lambda_3)}$$

可得 λ_3,进而得到截面 3 处的其他气动参数。

对于燃烧段,假设燃烧室为等直管道,在其内对气流加热时,气流总压下降,这种总压损失称为热损失,其阻力称为热阻。

3 - 4 截面间的热平衡方程为

$$h_3^* + f h_f + \eta_b f H_u = (1 + f) h_4^* \tag{9.50}$$

式中　　f——油气比;

　　　　h_3^*——空气的总焓,$h_3^* = c_p T_3^*$;

　　　　h_4^*——燃气的总焓,$h_4^* = c_p T_4^*$;

　　　　h_f——燃料的比焓;

　　　　η_b——燃烧效率。

假设输入燃烧室内的燃料的比焓等于空气的比焓,则式(9.50)可变为

$$h_3^* + f h_3^* + \eta_b H_u f = (1 + f) h_4^*$$

$$\Delta h = h_4^* - h_3^* = \frac{\eta_b H_u f}{1 + f} \tag{9.51}$$

在燃烧室内燃气被加热,定义加热比 θ 为燃烧室出口截面燃气总温 T_4^* 与

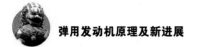

迎面气流的总温 T_0^* 之比,即

$$\theta = \frac{T_4^*}{T_0^*} = \frac{T_4^*}{T_3^*} \tag{9.52}$$

由式(9.51)可求出截面4的总焓,从而可求得截面4的总温 T_4^* 和加热比 θ。

根据等截面进出口冲量相等的原理,有

$$\dot{m}_3 v_3 + p_3 A_3 = \dot{m}_4 v_4 + p_4 A_4 \tag{9.53}$$

$$\frac{k+1}{2k} \dot{m}_3 a_{cr3} z(\lambda_3) = \frac{k+1}{2k} \dot{m}_3 (1+f) a_{cr4} z(\lambda_4)$$

$$z(\lambda_3) = (1+f) z(\lambda_4) \frac{a_{cr4}}{a_{cr3}} = (1+f) z(\lambda_4) \sqrt{\frac{T_4^*}{T_3^*}} = (1+f) \sqrt{\theta} z(\lambda_4) \tag{9.54}$$

式中 $z(\lambda)$ —— 气动函数, $z(\lambda) = \frac{1}{\lambda} + \lambda$;

a_{cr} —— 临界声速。

根据燃烧室内的连续方程

$$\dot{m}_4 = (1+f)\dot{m}_3 \tag{9.55}$$

$$\Gamma(k) \frac{p_4^* A_4}{\sqrt{RT_4^*}} q(\lambda_4) = (1+f) \Gamma(k) \frac{p_3^* A_3}{\sqrt{RT_3^*}} q(\lambda_3) \tag{9.56}$$

考虑到燃烧室为等截面, $A_4 = A_3$,可得燃烧室内 3 – 4 截面间的总压恢复系数 σ_{34} 为

$$\sigma_{34} = \frac{p_4^*}{p_3^*} = (1+f) \sqrt{\theta} \frac{q(\lambda_3)}{q(\lambda_4)} \tag{9.57}$$

式(9.57)为考虑热阻损失的总压恢复系数计算式。

由式(9.54)可求出截面4处燃气的速度系数 λ_4 或马赫数 Ma_4,再由式(9.57)可得燃烧室内的总压恢复系数 σ_{34},于是可得截面4处的总压为

$$p_4^* = \sigma_{34} p_3^* = \sigma_{in} \sigma_{34} \sigma_{34} p_0^* \tag{9.58}$$

截面4处的静温、静压、静比容的表达式类似于式(9.44) ~ 式(9.46)。

④4 – e 截面。

4 截面与 t 截面之间的连续方程为

$$\Gamma(k) \frac{p_4^* A_4}{\sqrt{RT_4^*}} q(\lambda_4) = \Gamma(k) \frac{p_t^* A_t}{\sqrt{RT_t^*}} q(\lambda_t)$$

由于 $T_4^* = T_t^*$, $\lambda_t = 1$,所以有

$$q(\lambda_3) = \frac{A_t}{A_4} \frac{p_t^*}{p_4^*} = \frac{A_t}{A_4} \sigma_{4-t} \tag{9.59}$$

式中　σ_{4-t}——喷管收敛段的总压恢复系数。

由式(9.59)求出 σ_{4-t} 后,可得截面 t 处的总压,进而可求出截面 t 的气流参数。

由 t-e 截面的连续方程可得

$$q(\lambda_e) = \frac{A_t}{\sigma_{t-e} A_e} \tag{9.60}$$

式中　σ_{t-e}——喷管扩张段的总压恢复系数。

当给定 σ_{t-e} 后,由式(9.60)可求出 $q(\lambda_e)$,从而可求出截面 e 处流体的速度系数 λ_e,于是可求出截面 e 处的气流参数。

思 考 题

1. 表征冲压发动机进气道工作性能的参数有哪些?
2. 亚燃冲压发动机的进气道有几种形式? 各有何特点?
3. 简述亚燃冲压发动机燃烧室内的工作过程?
4. 冲压发动机的推力系数与哪些参数有关? 如何提高推力系数?
5. 如何提高冲压发动机的推进效率?
6. 冲压发动机的推力由几部分组成? 各部分表示什么含义?

第 10 章

先进发动机及组合循环推进系统

本章首先介绍超燃冲压发动机、脉冲爆震发动机的工作原理和发展状况,然后介绍了涡轮基组合循环推进系统和火箭基组合循环推进系统,最后介绍了空气涡轮火箭发动机,这些先进发动机和组合循环推进系统在未来高超声速巡航导弹、高超声速飞行器上有广泛的应用前景。

10.1　超燃冲压发动机

10.1.1　超燃冲压发动机的工作循环

　　超燃冲压发动机(scramjet)是指燃料在超声速气流中进行燃烧的冲压发动机。如图 10.1 所示,超燃冲压发动机由进气道、隔离段、燃烧室和尾喷管四部分组成。超声速空气流进入进气道,经过一系列斜激波压缩后,以超声速气流经过隔离段进入燃烧室和燃油混合燃烧,产生的高温高压燃气经过尾喷管膨胀加速后高速排出以产生推力。

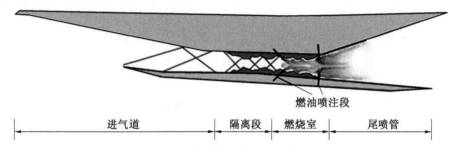

燃油喷注段

| 进气道 | 隔离段 | 燃烧室 | 尾喷管 |

图 10.1　超燃冲压发动机示意图

　　超燃冲压发动机的热力循环过程如图 10.2 所示,其中 0 - 2 对应于空气在进气道内的压缩过程,2 - 4 对应于燃烧室内燃油在超声速气流中的燃烧过程,4 - e 对应于燃气在尾喷管中的膨胀过程,e - 0 对应于燃气在尾喷管外的膨胀过程。

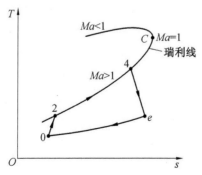

图 10.2　超燃冲压发动机的热力循环图

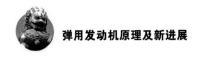

10.1.2　超燃冲压发动机的主要部件

1. 进气道

超燃冲压发动机的进气道一般采用二维、三维混压式超声速进气道和一体化轴对称进气道。与亚燃冲压发动机的轴对称进气道相比,二维进气道的攻角特性较好,三维进气道压缩效率高、长度短、启动性好。

二维进气道如图 10.3 所示,通常由飞行器前体和外罩形成前体压缩面和进气道内压缩通道。首先具有多级楔面的飞行器前体通过配置的斜激波系对来流进行预压缩,然后利用飞行器机体与外罩构成的矩形内压缩通道实现进一步压缩。二维进气道中对空气的压缩仅仅发生在二维平面内,流场结构比较简单,易于分析;并且二维进气道形状简单、易于加工,因此常常作为机理试验研究和数值计算的进气道模型[38]。1970 年 NASA 为 $Ma = 10 \sim 12$ 的高超声速巡航导弹设计的 P2 和 P8 进气道是比较著名的二维进气道。此外,美国的 X - 43A 飞行器、X - 51A 飞行器的进气道也采用二维进气道,并成功地进行了飞行试验。

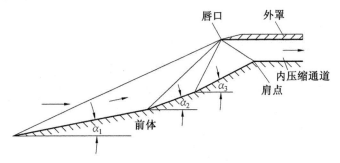

图 10.3　超燃冲压发动机二维进气道

三维侧压进气道如图 10.4 所示,这种进气道不但利用顶板楔面和外罩对气流进行纵向平面内的压缩,还利用侧板对气流进行横向压缩。由于侧板压缩的因素,在纵向平面内的压缩角可以设计得较小,相应的唇口激波强度较弱。前伸的侧板与后退的外罩间形成的溢流窗口能够使进气道在低马赫数条件下自动溢流,有益于进气道启动。由于侧压式进气道在压缩性能及总压恢复性能方面均具有相当优势,目前已成为研究的热点,但这种进气道至今尚未进行过空中飞行试验。

采用发动机与飞行器一体化设计的轴对称式进气道如图 10.5 所示,高超声速空气来流通过前体的多级锥进行压缩,并在内流道经过内压缩,然后以超声速流向燃烧室。轴对称进气道具有良好的安装特性,比较适合于高超声速导弹。

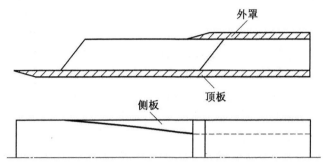

图 10.4　　三维侧压进气道示意图[39]

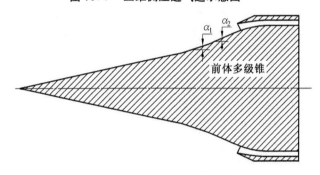

图 10.5　　一体化轴对称进气道示意图

2. 燃烧室

超燃冲压发动机燃烧室内气流的速度很大,通常达到 500 m/s 以上,因此必须有足够长的燃烧室长度以保证燃烧效率。燃烧室通道一般为扩张通道,以避免燃烧放热后燃烧室发生热壅塞。在燃烧室内部壁面或支板上,沿发动机轴向和横向设置了许多喷嘴,燃料以平行、垂直或与来流成一定角度的方式喷入气流中,与来流空气混合、燃烧。为了防止燃烧室放热造成的反压上传影响到进气道的流动,通常在燃烧室和进气道之间设立等截面或微小角度扩张的隔离段。

超燃冲压发动机燃烧室内不仅气流的速度大,而且气流流速随油气当量比变化而变化,这对火焰稳定器的稳焰范围和工作稳定性提出了更高的要求,亚燃冲压发动机中采用的火焰稳定器无法应用于超燃冲压发动机中。目前研究得较多的超燃冲压发动机的火焰稳定器主要有支板喷流、后向台阶和凹腔火焰稳定器三种。支板喷流稳定器集气流压缩与燃料喷注于一体。来流中支板后形成典型的底部流场,即存在一个底部回流区,该回流区起到了火焰稳定的作用,而且支板造成气流湍流度增加,有助于提高火焰的传播速度。后向台阶能形成的回流区一般比支板底部回流区要大得多,因此火焰稳定范围比支板更宽,但其阻力更大,而且分离流在下游壁面再附着时产生较强的激波,总压损失大。凹腔火焰稳定器在结构上由后向台阶和前向台阶组成。气流流过凹腔,会在凹腔内形成一个较大的回流区,火焰稳定能力大;凹腔分离流的再附着点基本上位于后缘拐点附近,形成的激波强度较弱,减小了总压损失。凹腔稳定器虽然已经被证明是一种有效的稳定器,但是目前仍有许多机理性问题未被认知,仍需进一步开展研究[40]。

对于长时间工作的超燃冲压发动机来说,燃烧室应当采用主动冷却与被动冷却相结合的方式冷却壁面。所谓被动冷却就是对重点部位采用耐高温材料进行防护,如支板适合采用被动冷却。主动冷却中广泛使用的冷却方法是再生冷却,即燃料在喷入燃烧室前先通过燃烧室壁面的冷却通道,通过物理吸热和化学反应吸热带走壁面的热量,从而达到冷却燃烧室壁面的目的。

3. 尾喷管

超燃冲压发动机的尾喷管都是扩张喷管。为了提高高超声速飞行器的飞行性能,超燃冲压发动机的尾喷管通常与飞行器一体化设计,目前使用最多的就是一种基于发动机后体/尾喷管一体化设计思想发展的非对称大膨胀比喷管 —— 单膨胀斜面喷管(single expansion ramp nozzle, SERN),如图10.6所示。SERN 分为内喷管和外喷管两部分,飞行器后体的下表面作为外喷管的膨胀斜面,能够获得较大的膨胀比;内喷管的下斜板较短,很容易与发动机外罩实现一体化设计,从而可大大减轻推进系统的质量。SERN 还可以利用自由面来调整喷管的实际膨胀比,在不同飞行马赫数下,可以通过该自由气动边界条件来自动适应不同的工况[41]。

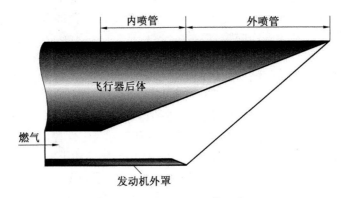

图10.6 单膨胀斜面喷管示意图

10.1.3　双模态超燃冲压发动机

亚燃冲压发动机的最佳工作马赫数范围是 $Ma = 2 \sim 4$。超燃冲压发动机在 $Ma = 6$ 以上的性能远高于亚燃冲压发动机,但是,当来流速度低于 $Ma = 4$ 时,其并不能有效地工作,速度更低时,甚至无法自启动。因此,人们希望能扩大亚燃冲压发动机和超燃冲压发动机有效工作马赫数的上下限,在这种背景下产生了双模态超燃冲压发动机。

双模态超燃冲压发动机(dual-mode scramjet)是指在同一发动机内既能实现亚声速燃烧,又能实现超声速燃烧的冲压发动机。实现双模态可以有两种方法[42],一种是通过改变几何通道、固定加热规律的方法使亚燃冲压发动机($Ma = 2 \sim 4$)向高马赫数端发展(达到 $Ma = 3 \sim 8$),另一种是通过固定几何通道、改变加热规律的方法使超燃冲压发动机($Ma = 6 \sim 8$)向低马赫数端发展(达到 $Ma = 3 \sim 8$)。研究表明后一种方法可以更好地实现纯亚燃、亚／超燃过渡、纯超燃三种不同的工作模态,而且这些模态都是相应飞行条件下的最佳工作模态。

图 10.7 给出了双模态超燃冲压发动机的结构示意图,其主要部分与超燃冲压发动机类似,也是由进气道、隔离段、燃烧室和尾喷管四部分组成。进气道和燃烧室几何尺寸固定,尾喷管是扩张型的,在不同来流条件下,通过合理地设计燃烧室横截面积和调节供油(加热)规律来实现双模态燃烧室的模态转换。当 $3 < Ma < 6$ 时,气流以超声速流过燃烧室前段,在燃烧室后段供油,燃料燃烧引起压力迅速增加,压力上升的程度与燃料流量、燃烧室入口马赫数和燃烧室几何形状有关,压力上升到一定程度后,边界层产生分离。这时压力就沿着边界层向上游传播,导致在隔离段产生正激波链,即引起了热堵塞,使得在燃烧室入口为亚声速气流。亚声速气流在燃烧室扩张通道内燃烧,经过热力喉道被加热到超声速流,这种模态称为亚燃模态。当 $Ma > 6$ 时,加

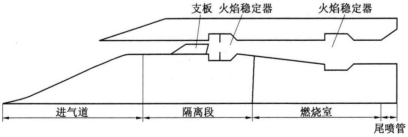

图 10.7　双模态超燃冲压发动机的结构示意图

热比逐渐减小,不足以引起热堵塞以及在进气道中的正激波链,整个发动机通道充满了超声速气流,完成了由亚声速燃烧到超声速燃烧的转变,此时处于超燃冲压模态。

10.1.4 超燃冲压发动机的发展状况

超燃冲压发动机的研究始于20世纪50年代末,最先开展研究的有俄罗斯(苏联1957年)、美国(1958年)、法国(1958年)、德国和日本[43]。经过30年的理论研究和地面试验后,1988年俄罗斯启动了超燃冲压发动机飞行试验计划——冷(Холод)计划,标志着超燃冲压发动机的研究进入飞行试验阶段。冷计划中飞行器采用液氢主动冷却矩形和轴对称双模态冲压发动机,在1991～1998年间,俄罗斯共进行了5次验证性飞行试验,飞行马赫数最高为6.5,实现了双模态转换。与此同时,1993年俄罗斯制定了发展可重复使用空间运输系统的鹰(Орёл)计划[44],其中鹰空间飞行器配置3台液氢燃料的超燃冲压发动机,试验速度范围$Ma=6～14$,该项目开展了大量地面试验,突破了很多关键技术。上述关于超燃冲压发动机的理论研究、地面试验和飞行试验确立了俄罗斯当时在超燃冲压发动机技术和高超声技术的世界领先地位。然而,进入21世纪,由于缺少大型高超声速项目的牵引,俄罗斯的超燃冲压发动机技术的发展进入低潮期,其影响力和地位逐渐被美国赶超,直到2012年以后俄罗斯的高超声速研发活动才呈现回暖迹象[45]。近期,俄罗斯正在进行1项有关超燃冲压发动机推进系统的保密计划,计划中的推进系统可用在洲际弹道导弹上进行导弹防御。

美国宇航局在1985～1994年执行了国家空天飞机(NASP)计划,目的是研制X-30试验性单级入轨航天器,关键技术是飞行马赫数在4.0～15.0范围内的氢燃料超燃冲压发动机。虽然由于政治、经济和技术方面的原因,NASP计划被迫终止,没有实现既定的目标,但在该计划中,对超燃冲压发动机在马赫数4.0～7.0范围内进行了大量试验,而且又催生了许多新的高超声速计划,其中包括高超声速技术计划(HyTech)[46]和高超声速飞行试验计划(Hyper-X)。HyTech计划由美国空军研究实验室牵头,目的是验证马赫数为4～8、采用液体碳氢燃料,一次性使用的弹用超燃冲压发动机,计划执行时间为1995年至2006年。HyTech计划中对超燃发动机进行了部件验证、系统集成和技术验证,验证了马赫数4.5和马赫数6.5的超燃冲压发动机的性能[47],在超声速条件下对闭环碳氢燃料超燃冲压发动机进行了成功的地面验证,为进一步推进超燃冲压发动机的研究奠定了坚实的基础。1996年美国制订了高超声速飞行试验计划(Hyper - X),该计划的核心内容就是研制高超声速试验飞机 X - 43,并进行超燃冲压发动机的飞行试验验证[48]。用于 X - 43A 的发动机为采用氢气燃料的双模态超燃冲压发动机。尽管 2001 年 X - 43A 的首次实验飞行失败了,但经过改进的 X - 43A 在 2004 年先后成功进行了两次飞行试验,巡航马赫数分别达到6.83 和9.68,实现了超燃冲压发动机机身一体化飞行测试。2005 年美国空军研究实验室和国防高级研究计划局共同主持超燃冲压发动机演示器(SED) 项目,演示器命名为 X - 51A SED 飞行器[49]。该项目主要目的之一是对美国空军的 HyTech 超燃冲压发动机进行飞行试验,该发动机使用吸热型碳氢燃料,能将飞行器的马赫数从 4.5 加速到6。该项目耗时 7 年,费用为 2.46 亿美元。2010 年 ~2013 年间 X - 51A 进行了 4 次飞行试验,其中首飞部分成功,达到马赫数4.88,第二次和第三次飞行失败,2013 年 5 月的第四次飞行试验成功,实现了以超燃冲压发动机为动力、马赫数为 5 的持续高超声速飞行。

　　法国关于超声速燃烧的研究始于 20 世纪 60 年代,20 世纪 80 年代后期开始超燃发动机的研究,并且于 1992 年提出了 PREPHA 计划。PREPHA 计划早期重点放在氢燃料超燃冲压发动机上,除前机身、进气道、尾喷管／后机身研究外,对两种矩形燃烧室进行了试验[50]。PREPHA 计划于 1997 年结束,但是两个超燃冲压发动机计划继续进行,第一个计划是由法国国防部资助的为期3 年的 PROMETHEE,其主要目的是研究空射导弹用双模态碳氢燃料超燃冲压发动机,发动机工作马赫数范围为 2 ~ 8,采用可变几何进气道。第二个计划于 1999 年开始,称为高超声速应用研究用联合吸气式推进(JAPHAR) 计划。JAPHAR 计划的一个主要任务是评估 $Ma = 2 ~ 12$ 速度范围内工作的氢燃料双模态超燃冲压发动机[51]。此外,在 1995 ~ 2000 年间,法国 MBDA 公司与莫斯科航空研究所合作开发了使用煤油和氢燃料、可在宽马赫数($Ma = 3 ~ 12$) 范围内工作的变几何形状双模态冲压发动机,称为 WRR 宽马赫数冲压发动机,该发动机根据弹道可以调节几何结构、性能的实时优化,开始用煤油燃料,然后用氢燃料[52]。

　　2003 年,法国 ONERA 研究中心和 MBDA 公司开展了为期9 年的 LEA 飞行验证计划,旨在检验高超声速飞行器在有无动力时的推阻比。利用可变结构的双模态冲压发动机,采用氢气和甲烷作为燃料。2007 年完成了双模态冲压发动机的风洞试验。2010 ~ 2012 年之间进行了 6 次 $Ma = 4 ~ 8$ 的自由飞行,双模态冲压发动机工作时间大于 5 s,飞行过程中进行当量比变化调节。

10.2　脉冲爆震发动机

脉冲爆震发动机(pulse detonation engine ,PDE)是利用燃料与氧化剂以间歇式的爆震燃烧产生高温高压燃气,并通过高速喷射产生推力的一种新型动力系统。爆震燃烧与传统发动机采用的爆燃燃烧有着许多本质的区别,表10.1 给出了爆燃和爆震的对比。

表 10.1　爆燃和爆震

	爆　燃	爆　震
传播速度	亚声速	超声速($Ma = 5 \sim 6$)
压力峰值 /Pa	$2 \times 10^5 \sim 3 \times 10^5$	$3 \times 10^6 \sim 1 \times 10^7$
燃烧方式	稳定燃烧,连续等压燃烧	不稳定燃烧,间歇等容燃烧
热力循环效率	可达27%	可达47%

根据氧化剂的来源不同,脉冲爆震发动机分为吸气式脉冲爆震发动机和火箭式脉冲爆震发动机两类。吸气式脉冲爆震发动机从空气中获得氧化剂,无需自身携带氧化剂,因此具有更长的工作时间,推重比也得到进一步提高。火箭式脉冲爆震发动机需自身携带氧化剂,其优势是可以在真空中工作。

脉冲爆震发动机按照应用方式的不同可以分为三大类:纯脉冲爆震发动机(pure PDE)、组合循环脉冲爆震发动机(combined PDE)、混合脉冲爆震发动机(hybrid PDE)。组合循环 PDE 是由 PDE 与冲压发动机、超燃冲压发动机、火箭发动机等动力装置组合而成的,在不同的速度范围内,运行不同的工作循环;混合 PDE 是由 PDE 与涡喷或涡扇发动机相结合,如在外涵道或加力段使用 PDE。纯 PDE 由于其质量轻、容易制造、成本低以及在马赫数 $Ma = 1$ 左右的高性能特点,主要应用于军事领域,将成为导弹、无人机及其他小型飞行器的理想动力选择。本书仅讨论吸气式纯脉冲爆震发动机,因此,后文所述的脉冲爆震发动机都是指吸气式纯脉冲爆震发动机,欲了解组合循环 PDE 和混合 PDE 可参见文献[53]。

10.2.1　脉冲爆震发动机的工作循环

吸气式脉冲爆震发动机的组成示意图如图 10.8 所示,其主要由进气道、燃料和氧化剂供给系统、空气总管、起爆器、爆震室和尾喷管等部分组成。空气由进气道进入,并通过空气总管分配进入混合段。燃料供给系统通过燃料分配总管将燃料供给混合段。燃料和空气在混合段有效混合后进入爆震室,由起爆器点火起爆产生爆震波,爆震波在爆震室内传播,而后燃烧产物通过喷管排出产生推力。

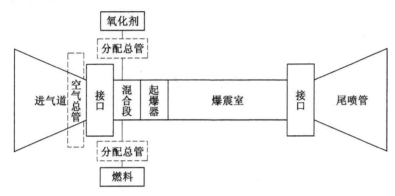

图 10.8　吸气式脉冲爆震发动机的组成示意图[54]

脉冲爆震发动机的工作循环可以分为以下 6 个阶段,如图 10.9 所示:

① 燃料/氧化剂填充爆震室:爆震室前端封闭的阀门打开,燃料和氧化剂由此流入管内,直到充满爆震室为止,关闭爆震室封闭端阀门。

② 点火起爆。

③ 爆震波的形成和传播:被点着的可燃混合气体开始以爆燃形式燃烧,进而发展成爆震波,并在爆震室内传播。

④ 爆震燃烧产物从爆震室传出:爆震波到达出口,膨胀波反射进来,在膨胀波的作用下爆震燃烧产物从爆震室排出。

⑤ 膨胀波排出爆震室:大部分燃气排出后,从封闭端反射回来的膨胀波排出爆震室。

⑥ 用空气吹除爆震室:封闭端阀门打开,用空气吹除爆震室,准备开始下一个循环。

脉冲爆震发动机理想热力学循环温熵图如图 10.10 所示。图中 1 ~ 2 为绝热等熵压缩过程,2 ~ 3 为爆震燃烧过程,3 ~ 4 为绝热等熵膨胀过程,4 ~ 1 为定压放热过程。为便于比较图中还给出理想等容循环(Humphrey)和理想等压循环(Brayton)的温熵图。

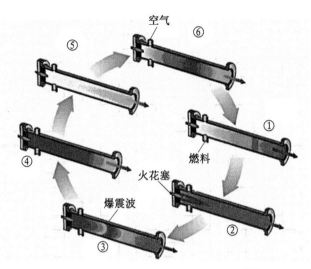

图 10.9　脉冲爆震发动机的工作循环[55]

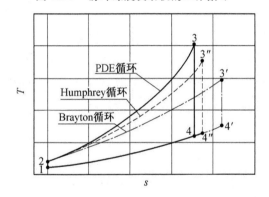

图 10.10　脉冲爆震发动机理想热力学循环温熵图

10.2.2　脉冲爆震发动机的研究进展

　　爆震燃烧研究可追溯到 20 世纪 40 年代。由于当时对这种燃烧过程的非稳态特性的理论计算和实验诊断手段的欠缺,一直没能取得突破性进展。直到 20 世纪 80 年代中期,随着燃烧计算方法和实验诊断技术的进步,使研究实用的 PDE 推进系统成为可能,PDE 的概念进入实质性发展阶段。美国海军研究院、Adroit 公司等率先开展了爆震燃烧发动机的理论和实验研究,并定义了脉冲爆震发动机的概念[56]。20 世纪 90 年代,PDE 进入了全面发展时期,美国的多家研究机构开展 PDE 的研究[57]。1999 年美国海军研究院启动了为期 5 年的 PDE 核心研究计划,研究一种飞行速度从亚声速到马赫数 5 的低成本、结构简单的 PDE 推进系统,该推进系统使用一般液体燃料,用于战术导弹。2004 年美国空军实验室使用一种超临界燃料喷射系统实现了 JP－8 燃料在空气中的爆震[58],并完成了世界上第一架以 PDE 为动力的有人驾驶飞机的地面声学和振动试验。四年后,美国空军实验室首次以 PDE 为动力,在改进型的 Long－EZ 飞机上进行了飞行演示试验,在近 30 m 高度自主飞行了 10 s,产生 890 N 的推力。2009 年初,由惠普和波音公司联手推出的 PDE 样机 ITR－2 在海军航空武器中心进行了实用性验证,推力达到了 2 023 ～2 669 N。美国 GE 公司侧重研究组合式的脉冲爆震发动机,重点开发超声速运输机的动力装置,计划到 2020 年得到商用混合 PDE 原型机。

除美国外,加拿大、法国、俄罗斯、以色列、日本、瑞典也相继开展了 PDE 的研究。法国和加拿大主要研究液体燃料 PDE,计划用于导弹或无人机,其中法国 FALEMAPIN 公司正在发展推力为 800 N 的 PDE 动力战术导弹。俄罗斯也有许多科研机构和高校进行了脉冲爆震发动机的相关研究,包括俄罗斯中央航空发动机研究院、莫斯科大学、科学院高温研究所等。俄罗斯在 PDE 基础研究领域进行了深入研究,包括起爆、爆震波结构、爆震波传播、爆震波应用以及燃料爆震性等试验和计算方面。

近年来我国的 PDE 研究也取得了重大突破,在碳氢燃料(煤油、汽油)PDE 的热力循环和推力特性分析、爆震燃烧机理、最佳工作频率、爆震波的传播／衍射特性等方面都取得了一些研究成果,在试验室中利用脉冲爆震模型发动机实现了连续推力的产生与控制,部分研究成果独具特色,引起了外国专家的关注。

尽管 PDE 的概念在实验室已得到了验证,并进行了部件试验和初步的飞行实验,但要使这种发动机真正实用,还有许多技术问题需要解决,这些问题包括:爆震的起爆、控制和保持;液体燃料与氧化剂的雾化、喷射、掺混;爆震过程的精确控制;推力矢量控制;高热通量和热疲劳问题;进气道和尾喷管设计技术;爆震现象的精确理论分析方法和试验技术;噪声抑制技术;性能不稳定问题等。

10.3　火箭基组合循环推进系统

火箭基组合循环(rocket based combined cycle,RBCC)推进系统是将传统的火箭发动机和冲压发动机组合在一起,形成具有多种工作模式的发动机,

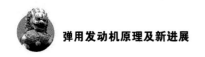

在不同的飞行阶段启用不同的飞行模式,以达到发动机的最佳性能。

10.3.1　支板火箭引射 RBCC

图 10.11 示出了美国航空喷气公司的支板火箭引射 RBCC 发动机(strutjet-RBCC)的示意图,该发动机整合了火箭发动机、亚燃冲压发动机和超燃冲压发动机,对于典型的单级入轨上升弹道,要经过管道火箭、亚燃冲压、超燃冲压、超燃冲压/火箭和纯火箭 5 个工作模式。

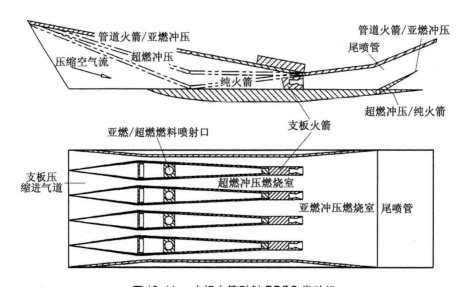

图 10.11　支板火箭引射 RBCC 发动机

① 管道火箭模态,又称引射模态,飞行马赫数为 0 ~ 3。

在支板火箭排出的高温燃气的引射和进气道冲压的共同作用下,空气被增压,并进入燃烧室,与富燃燃气混合并燃烧。

② 亚燃冲压模态,飞行马赫数为 3 ~ 6。

此时,支板火箭停止工作。从进气道流入的高速气流在扩压段进行增压,在燃烧室内与喷入的燃料混合燃烧,产生高温高压燃气,经尾喷管喷出产生推力。

③ 超燃冲压模态,飞行马赫数达到 6 ~ 10。

随着飞行马赫数的进一步提高,发动机由亚燃冲压模态转变到超燃冲压模态。此时,改变进气道的几何形状,只利用进气道对高超声速气流进行适当压缩,使其在燃烧室入口仍然保持超声速,在燃烧室中直接组织超声速燃烧。

④ 火箭和超燃冲压发动机同时工作模态,飞行马赫数达到 10 ~ 12。

当飞行马赫数达到 10 ~ 12 时,火箭重新点火,超燃冲压发动机仍然工作,此时处于火箭和超燃冲压发动机同时工作模态,火箭羽流给来流空气一个额外的压缩,火箭可以使超燃发动机性能提高,这种组合工作可使性能比单个模态提高大约 2 倍。

⑤ 纯火箭模态,飞行马赫数超过 12。

当飞行马赫数超过 12 时,推进系统转入纯火箭模态,进气道关闭,仅有引射火箭产生推力。

支板引射 RBCC 具有如下特点:

(1) 结构简单、质量小、可靠性高。

RBCC 的 5 个工作模态共用一个整体流道,减少了结构质量,缩小了结构尺寸,同时它在工作中使用空气中的氧气作为氧化剂,减少了自身携带的氧化剂质量,相应也减少氧化剂贮箱的结构质量和尺寸,结构简单带来高可靠性。

(2) 可实现高比冲、高推重比。

RBCC 在整个推进过程中一直具有较高的推重比和比冲,能够同时满足加速和巡航的要求。对于一个典型的单级入轨任务,支板引射 RBCC 的平均比冲约为 586 s,推重比约为 22∶1。相比而言,常规火箭为 430 s 和 60∶1。

10.3.2　RBCC 的研究进展

美国从 1958 年开始 RBCC 的研究,是世界上最早进行 RBCC 研究的国家。20 世纪 60 年代在可重复使用运载器计划的牵引下,美国掀起了 RBCC 研究的第一次热潮。在这期间美国主要针对如何利用引射模态解决 RBCC 低速阶段动力的相关问题进行研究,包括射流混合和燃烧过程等关键技术。尽管由于当时经济和技术的原因,研究没有继续,但所获得的研究成果为后续的 RBCC 的研究打下了坚实的基础。20 世纪末,美国启动了先进的空天运输计划(Advanced Space Transportation Program,ASTP),掀起了 RBCC 研究的第二次热潮。这一时期重点研究了 RBCC 的冲压/超燃冲压/纯火箭模态,提出了 4 种具有代表性的 RBCC 方案,研制了相应的 RBCC 模型样机[59-62],通过地面试验对各方案进行了论证并完成了组件试验,表 10.2 列出了 4 种 RBCC 模型样机的特点及研究概况。

2011 年美国启动了组合发动机部件发展(CCE)计划,该计划是美国高超声速推进发展计划的重要组成部分。CCE 计划中,以 RBCC 为动力的发动机命名为 Sentinel。该飞行器以引射模态作为低速段动力垂直起飞,到飞行

$Ma = 3.5$ 时,开始以双模态冲压发动机模式进行工作。当飞行 $Ma = 8$ 时,第 2 级由一次性的过氧化氢助推火箭推送入轨,而第 1 级则返回地面水平降落。目前,关于 Sentinel 的研究正在进行。该计划的实施标志着 RBCC 的研究已开始向工程化样机转移。

表 10.2   美国具有代表性的 4 种 RBCC 模型样机的特点及研究概况

名称	Strutjet – RBCC	A5 – RBCC	GTX 发动机	ISTAR 发动机
研制机构	Aerojet 公司	Rocketdyne 公司	Glenn 研究中心	Aerojet 和 HP 公司
特点	(1) 整体流道前部有一系列支板,支板上布置燃料喷嘴和引射火箭 (2) 二维扩张燃烧室,可调结构进气道和尾喷管 (3) 工作 $Ma = 0 \sim 12$,引射火箭/亚燃冲压/超燃冲压/纯火箭 4 个模态 (4) 推进剂:液氧/液氢	(1) 基本结构为双模态发动机,定几何通道 (2) 主火箭安装发动机侧壁 (3) 三维侧压进气道 (4) 独特的流向涡混合技术,燃烧室长度短 (5) 推进剂:液氧/液氢	(1) 半轴对称结构,燃烧室与飞行器中心锥体形成一体化结构 (2) 火箭在中心锥体的后面,接着是冲压管和膨胀区域 (3) 在低速时使用独立的冲压方式工作	(1) 以 Strutjet – RBCC 为蓝本,加上 HP 公司的煤油双模态燃烧室 (2) 引射火箭/亚燃冲压/超燃冲压 3 个工作模态 (3) 工作 $Ma = 0.7 \sim 7$ (4) 推进剂:煤油/H_2O_2
发动机试验	上千次地面风洞试验,验证了各模态下进气道特性和发动机特性	截至 2000 年,进行了 82 次试验,累计工作时间超过 3 600 s	进行风洞试验和系列直连实验,实验范围从海平面到 $Ma = 2.5$ 的飞行状态	进行了缩比进气道风洞试验、碳氢喷嘴特性试验和超过 260 次的发动机地面试验

日本从 1992 年开始 RBCC 相关技术的研究,2003 年正式启动组合循环发动机的研究,截至 2016 年已先后完成了 RBCC 缩比发动机试验、$Ma = 4$ 的亚燃模态直连试验、$Ma = 6$ 的飞行条件下亚燃冲压模态试验和亚声速到超声速状态下引射模态的飞行试验[63-64]。

欧空局 RBCC 研究主要源于 2005 年启动的长期先进推进概念和技术 (long-term advanced propulsion concepts and technologies,LAPCAT) 计划,计划的主要目的是探索飞行马赫数为 4 ~ 8 一级的高速飞行器可能的推进概念 (含 TBCC 和 RBCC)。该计划分为 LAPCAT Ⅰ (2005 年 ~ 2008 年 4 月) 和 LAPCAT Ⅱ (2008 年 9 月 ~ 2013 年 5 月) 两个阶段,在 LAPCAT Ⅰ 中开展了

RBCC 组合推进的关键技术和飞行器概念设计,分别对煤油和氢燃料的 RBCC 推进系统开展了系统分析研究,针对洲际飞行弹道进行了推进系统和飞行器设计,对一次火箭和支板喷射等关键技术进行了研究[5]。在 LAPCAT II 中主要任务是完成巡航速度为马赫数 5 和 8 的两种超远程民用运输飞机的设计,参与单位中各有两家采用 TBCC 和 RBCC 推进系统,最终经过充分的论证,总体选定 TBCC 方案。

目前 RBCC 推进系统研究中尚存在以下一些关键性技术难点[66-67]:

(1)引射增益与引射条件下的进气道特性。研究来流速度和密度不断变化情况下,带引射的进气道的波系组织、喉部位置设计、流量和总压以及附面层特性等问题。

(2)燃烧室的掺混燃烧。高速、高温燃气与引射和冲压进入的相对低速和低温空气的混合和燃烧是 RBCC 推进系统的一个关键问题,直接影响发动机的性能。

(3)燃烧室热结构。针对燃烧室的气膜冷却问题,需解决燃烧效率、推进效率和可靠冷却之间的平衡问题,实现主流空气和用于冷却空气气流的合理分配和调节。

(4)通道面积的调节。在火箭引射和冲压工作模式下,随着飞行马赫数的增加,空气流量和燃气流量会在很大范围内变化,为保证 RBCC 的工作性能,进气道、燃烧室喉部和喷管面积需要在很大范围内进行调节。

10.4　涡轮基组合循环推进系统

涡轮基组合循环(turbine based combined cycle,TBCC)推进系统是将涡轮或涡扇发动机和其他类型发动机(多指冲压发动机)组合起来形成的具有多种工作模式的发动机。通常当在低空低马赫数飞行时,发动机以常规涡轮喷气发动机模式工作,当发动机加速到一定速度和高度时,涡轮喷气发动机关闭,发动机以冲压发动机模式工作。

10.4.1　TBCC 的基本形式

根据涡轮和冲压两类发动机主要部件的关系和流程分为串联布局和并联布局。当涡轮发动机的加力燃烧室和冲压燃烧室共用时,称为串联布局,如图 10.12 所示。而涡轮发动机的加力燃烧室与冲压燃烧室相互独立时,称为并联布局,如图 10.13 所示。

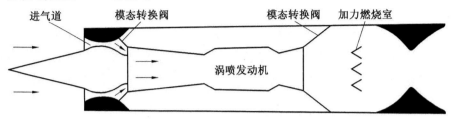

图 10.12　串联式布局

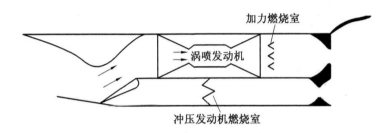

图 10.13　并联式布局

在串联布局组合发动机中,涡轮模态工作时的加力燃烧室,在冲压模态工作时就作为冲压燃烧室。在涡轮模态工作时,冲压环形通道的前后阀门将冲压通道堵塞,以防止涡轮发动机的排气经过冲压通道回流到涡轮发动机的进口。在冲压模态工作时,冲压环形通道打开,由进气道来的空气经环形通道进入冲压燃烧室;而涡轮发动机进出口阀门关闭,以防止高温滞止空气进入涡扇发动机。

并联布局组合发动机的涡扇通道上设置关闭机构,简称阀门。阀门下游为涡扇发动机。冲压通道不设阀门。涡扇发动机和冲压发动机的尾喷管有公共的扩张段。在涡轮模态工作时,涡轮通道上的阀门完全打开,由进气道来的空气经过风扇和压气机增压,在主燃烧室中同燃料掺混燃烧,高温燃气在高压和低压涡轮中膨胀做功驱动压气机和风扇,由涡轮排出的燃气和外涵道来的空气混合,进入加力燃烧室,同补充的燃料燃烧,燃气进一步升温,进入尾喷管膨胀加速,以产生推力。此时冲压通道也有空气流过,可作为多余空气的放气通道。在冲压模态工作时,涡扇发动机通道上的阀门关闭以防止高温滞止空气进入涡扇发动机。

在涡轮基组合循环发动机中,冲压发动机按其工作模态分为亚燃、超燃和双模态冲压发动机。亚燃冲压发动机采用超声速进气道,燃烧室入口为亚声速气流,推进速度可达 6 马赫数;超燃冲压发动机在马赫数为 4 ~ 4.5 时开始工作,飞行速度高达 12 马赫数;而在双模态冲压发动机中,实现了亚燃和超燃两种工作模态有机结合。

新型的涡轮基组合循环发动机是预冷却涡轮基组合循环发动机。典型的方案有美国的喷流预冷却 TBCC 发动机(MIPCC - TBCC)和日本于 1986 年提出的吸气式涡轮冲压膨胀循环发动机(ATREX),这两种发动机虽然预冷却方式不同,其共同点都是在发动机进口对来流空气进行降温,达到扩展发动机工作范围和增加发动机性能的目的。

10.4.2　TBCC 的研究进展

俄罗斯从 20 世纪 70 ~ 80 年代就开始进行全尺寸涡轮基组合循环发动机的地面试验[8],对涡轮 - 冲压组合发动机的关键技术进行了研究,奠定了俄罗斯在涡轮 - 冲压组合发动机技术研究方面的领先地位。进入 21 世纪,俄罗斯开始开展涡轮 - 超燃冲压发动机的理论和试验研究。涡轮基组合循环发动机已用于俄罗斯研制的"绿松石"超声速反舰导弹。

20 世纪 80 年代中期美国开始涡轮基组合循环发动机的研究。1985 年 ~ 1996 年间,在国家空天飞机计划(National Aerospace Plane,NASP)的支持下,美国开展了用于单级入轨的组合推进系统研究[69]。该组合推进系统包括用于高速($Ma > 6$)飞行的超燃冲压发动机和低速($Ma < 6$)飞行的并联式 TBCC 发动机,TBCC 以两种模态工作,当 $Ma < 3$ 时,工作在涡轮模态,当 $3 < Ma < 6$ 时工作在冲压模态。

2001 年美国 NASA 提出了革新涡轮加速器(RTA)计划。RTA 计划的重点是通过采用先进的组合循环发动机技术发展飞行速度至少可以达到 $4Ma$,并且维修性和操作性大大改善的涡轮加速器。该计划研制了 RTA1 和 RTA2 两种 TBCC 发动机,发动机在 $Ma = 3$ 以后加力,燃烧室转换成冲压燃烧室工作模态,TBCC 中的冲压发动机是惠普公司为美国空军的 HyTech 项目开发的碳氢亚 - 燃/超燃双模态冲压发动机[70-71]。2006 年,NASA 在地面试验台上评估和验证了涡轮 - 冲压组合发动机的先进技术、适用性、可靠性和耐久性。RTA 计划中的飞行验证计划通过 X43B 验证机来实现,但后来 X43B 计划被终止。

近年来,美国 NASA 的 TBCC 研究工作主要在高超声速项目的框架下进行。2009 年,NASA 在基础航空(FAP)计划中延续 TBCC 发动机的研究,包括组合循环发动机大型进气道模态转换试验(CCE LIMX)[72]、高马赫数风扇台架试验[73]、高速涡轮发动机研究、一体化流路计算、部件技术计算等。美国近期提出的 SR - 72、Manta 2025、Single - stage ISR/ Strike 高超声速平台均采用

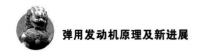

双发 TBCC 组合发动机,这些高超声速平台计划在 2025 年左右实现,可见,TBCC 组合发动机的飞行试验还有很长的一段路要走。

日本从 1989 年起实施为期 10 年的超声速／高超声速运输推进系统(HYPR)计划,其目的是为发展飞行马赫数达到5的超声速/高超声速飞行器的推进系统奠定技术基础。该计划发展的 TBCC 发动机采用串联方案,在飞行马赫数小于 3 时以涡轮发动机工作,马赫数大于 3 时以冲压发动机工作。在 HYPR 计划中,对 TBCC 发动机进行了验证机设计、加工和高空试验,验证了 TBCC 发动机方案的可行性[74]。随后日本将该发动机技术移植到新一代高速岸舰导弹的动力系统中。

欧空局在 LAPCAT 计划的牵引下开展 TRCC 的研究,研究重点集中在高马赫数下的超燃冲压发动机(含进气道、燃烧室、尾喷管)设计、TBCC 发动机模态转换等,并开展了相关试验研究,取得了相应进展[75]。以此为基础,2012 年欧空局启动了高速试验飞行验证(High - Speed Experimental Fly,HEXAFLY)项目,目的是利用集成长期先进推进系统、结构和系统技术的概念飞行器模型进行试验,以验证新的高超声速概念。HEXAFLY 项目分两期,第一期(2012 ~ 2013)为短期项目,主要目标是再次仔细论证运用现有技术进行飞行演示验证的可行性和可能遇到的问题;第二期(2014 ~ 2018)为实质的飞行试验项目,称为 HEXAFLY - International 项目,目前除欧空局外,已有俄罗斯和日本参与到该项目中[76]。

TBCC 的有待进一步研究的关键技术有:

(1)减少冷却损失的先进冷却技术,包括新的冷却系统、燃烧室的热管理和新型燃料;

(2)改进进气道气动性能和适用性的新技术;

(3)燃烧室内燃油分布、火焰稳定、主动及被动燃烧控制技术;

(4)新的可控与可靠的尾喷管技术;

(5)旋转部件新技术,包括轻质的高压比压气机,陶瓷／复合材料涡轮部件等。

10.5　空气涡轮火箭发动机

空气涡轮火箭发动机(air turbo rocket, ATR)是涡轮基组合循环发动机的一种特殊类型,作为火箭发动机和空气喷气发动机的有机融合,其比冲性能高于火箭发动机，推重比高于空气喷气发动机，速度高度适应范围广，技术难度适中，是一种很有发展前途、有广泛应用前景的新型动力系统。

空气涡轮火箭发动机根据火箭中采用的推进剂物态的不同，可分为固体燃料空气涡轮火箭发动机(solid-propellant air turbo rocket,SPATR) 和液体燃料空气涡轮火箭发动机两种。

图 10.14 给出了固体燃料空气涡轮火箭发动机的示意图，其主要由富燃燃气发生器、进气道、压气机、涡轮、补燃室和尾喷管组成。使用独立于空气系统的富燃燃气发生器，驱动涡轮带动压气机工作，大气中的空气经过压气机增压后直接进入涡轮后的补燃室，在补燃室内和经过涡轮做功后的富燃燃气进行燃烧，产生的高温燃气通过尾喷管膨胀产生推力。

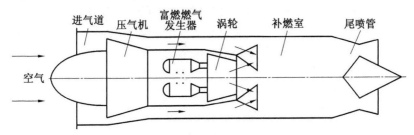

图 10.14　固体燃料空气涡轮火箭发动机的示意图

ATR 具有如下特点：

(1) ATR 利用了环境的空气，因此和火箭发动机相比，它可以有效降低飞行器推进剂携带量；ATR 的比冲较高，可达 600 ~ 1 200 s；

(2) ATR 采用高性能火箭推进剂和涡轮后补燃燃烧技术方案，推重比大，可达 20 ~ 40；

(3) ATR 具有宽广的高度(0 ~ 30 km) 和速度(0 ~ 4.3Ma) 工作范围，且结构简单、易于实现。

ATR 的研究始于 20 世纪 80 年代，最早从事这方面研究的有美国和日本。美国的 Aerojet 公司研制了一个 1 000 N 的液体单组元 ATR 试验件，通过热试车演示验证了 ATR 系统性能和关键组件设计要求，评估了 ATR 作为战术导弹动力系统的可能性。从 90 年代开始，美国 CFD 研究公司开始致力于战术导弹用固体 ATR 和单组元肼 ATR 的研究，完成了直径为 76 mm 的缩尺 ATR 试验样机和推力为 3 000 N 的固体 ATR 地面验证试验件的研制，使工程化研究和应用向前推进了一大步。1999 年 CFD 研究公司完成了飞行样机，并进行了飞行试验，导弹爬升到 7.6 km，并在 2.5Ma 的巡航速度下，射程超过了

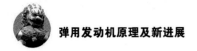

90 km。

日本航空航天科学研究所从 1986 年开始膨胀式循环空气涡轮火箭发动机 ATREX 的研究,并于 1990 年研制了 ATR 地面缩尺试验件,进行了 30 次地面试验。1995 年,日本为 ATREX‑50 研制了再生冷却燃烧室和空气预冷器,并进行了多次 ATR 热试车,总试车时间达到 3 600 s,在此基础上进行了飞行试验。此外,日本国防部技术研究发展从 1995 年开始执行了以靶机、巡航导弹、超声速无人轰炸机等武器系统为应用背景的 ATR 基础研发计划,并完成了 ATR 的地面试车和飞行模拟试验。总之,目前 ATR 还处于实验室飞行模拟试验阶段,尚未进入工程研制阶段。

ATR 的研究中还存在以下几个关键性问题:

(1)高温燃气和空气流量的匹配问题。为保证 ATR 在大空域、宽速域工作,需要深入研究富燃燃气流量变化与空气流量变化的对应关系,以及两者的变化与飞行马赫数和飞行高度的关系,摸清适用于 ATR 的流量调节规律。

(2)二次燃烧的掺混研究。二次燃烧涉及高温、高速的富燃燃气与相对低温、低速的空气之间发生有效掺混及动量、能量和质量的交换,是十分复杂的过程,解决好掺混燃烧问题是保证 ATR 发动机性能的关键。

(3)高速轴承的冷却、润滑和密封问题。

附 录

附表 标准大气简表

高度 h/km	温度 T/K	压强 p/Pa	密度 ρ/(kg·m^{-3})
0（海平面）	288.15	$10.132\ 52 \times 10^4$	1.225 0
1	281.65	$8.987\ 58 \times 10^4$	1.111 7
2	275.15	$7.949\ 56 \times 10^4$	1.006 5
3	268.65	$7.010\ 87 \times 10^4$	0.909 13
4	262.15	$6.164\ 07 \times 10^4$	0.819 13
5	255.65	$5.401\ 99 \times 10^4$	0.736 12
6	249.15	$4.718\ 08 \times 10^4$	0.659 69
7	242.65	$4.106\ 04 \times 10^4$	0.589 50
8	236.15	$3.560\ 01 \times 10^4$	0.525 17
10	223.15	$2.643\ 58 \times 10^4$	0.412 70
15	216.65	$1.204\ 45 \times 10^4$	0.193 67
26	222.65	$0.215\ 31 \times 10^4$	0.033 69
32	228.65	868.0	0.013 23
50	270.65	79.78	0.001 026 9
75	206.65	4.136	$3.486\ 1 \times 10^{-5}$
100	195.08	$3.198\ 9 \times 10^{-2}$	5.604×10^{-7}
130	469.27	$1.257\ 4 \times 10^{-3}$	8.152×10^{-9}
160	696.29	$3.039\ 4 \times 10^{-4}$	1.233×10^{-9}
200	845.56	$8.473\ 6 \times 10^{-5}$	2.541×10^{-10}
300	976.01	$8.770\ 4 \times 10^{-6}$	1.916×10^{-11}
400	995.83	$1.451\ 8 \times 10^{-7}$	2.803×10^{-12}
600	999.85	$8.213\ 0 \times 10^{-8}$	1.137×10^{-13}
1 000	1 000.00	$7.513\ 7 \times 10^{-9}$	3.561×10^{-15}

参考文献

[1] 叶蕾. 飞航导弹动力系统的多元化发展历程[J]. 飞航导弹, 2008(11): 51-59.

[2] 苏三买. 弹用喷气发动机发展和关键技术分析[J]. 航空动力学学报, 2009, 24(11): 2410-2414.

[3] 史朝龙. 弹用微小型涡轮发动机的发展和关键技术[J]. 战术导弹技术, 2015(4): 46-51.

[4] 叶定友. 固体火箭冲压发动机的若干技术问题[J]. 固体火箭技术, 2007, 30(6): 470-473.

[5] 陈怡, 闫大庆. 流星导弹的关键技术及最新研制发展[J]. 飞航导弹, 2012(6): 17-21.

[6] 刘兴洲. 飞航导弹动力装置(上册)[M]. 北京: 宇航出版社, 1992.

[7] 潘锦珊, 单鹏. 气体动力学基础[M]. 北京: 国防工业出版社, 2012.

[8] 徐旭, 陈兵, 许大军. 冲压发动机原理及技术[M]. 北京: 北京航空航天大学出版社, 2014.

[9] 萨登 G P. 火箭发动机[M]. 王兴甫, 于广经, 等译. 北京: 宇航出版社, 1992.

[10] 周悦, 公绪滨, 方涛. 硝酸羟铵基无毒单组元推进剂应用探讨[J]. 导弹与航天运载技术, 2015(4): 32-35.

[11] 林革, 凌前程, 李福云. 过氧化氢推力室技术研究[J]. 火箭推进, 2005, 31(3): 1-4.

[12] 白云峰, 林庆国, 金盛宇, 等. 过氧化氢单元催化分解火箭发动机研究[J]. 火箭推进, 2006, 32(4): 15-20.

[13] 杭观荣, 洪鑫, 康小录. 国外空间推进技术现状和发展趋势[J]. 火箭推进, 2013, 39(5): 7-15.

[14] LORMAND B M, PURCELL N L. Development of nontoxic hypergolic miscible fuels for homogeneous decomposition of rocket grade hydrogen peroxide: U S, 6419772[P]. 2002.

[15] 贺芳,方涛,李裕,等.新型绿色液体推进剂研究进展[J].火炸药学报,2006,29(4):54-57.

[16] 杜宗罡,史雪梅,符全军.高能液体推进剂研究现状和应用前景[J].火箭推进,2005,31(3):30-34.

[17] 刘运飞,张伟,谢五喜,等.高能固体推进剂的研究进展[J].飞航导弹,2014(9):93-96.

[18] 庞维强,樊学忠.金属燃料在固体推进剂中的应用进展[J].化学推进剂与高分子材料,2009,7(2):1-14.

[19] 候林法.复合固体推进剂[M].北京:宇航出版社,1994.

[20] 马会强,张寿忠,苗成才,等.高能氧化剂改性研究进展[J].化学推进剂与高分子材料,2013,11(1):39-44.

[21] 庞爱民,郑剑.高能固体推进剂技术未来发展展望[J].固体火箭技术,2004,27(4):289-293.

[22] 张正斌.固体推进剂用低特征信号氧化剂的研究进展[J].化学推进剂与高分子材料,2013,11(2):18-24.

[23] 张炜,朱慧.AP复合固体推进剂稳态燃烧模型综述[J].固体火箭技术,1994(1):38-46.

[24] 休泽尔 D K.液体火箭发动机现代工程设计[M].朱宁昌,等,译.北京:中国宇航出版社,2004.

[25] 金平,蔡国飙.全流量补燃循环发动机及其特点[J].火箭推进,2003,29(4):43-47.

[26] 胡伟,张青松.对全流量补燃循环发动机系统的研究与分析[J].航空动力学报,2005,20(2):328-333.

[27] 程向华,陈二锋,厉彦忠.低温液体火箭发动机自然循环预冷研究[J].火箭推进,2012,38(5):1-6.

[28] 孙礼杰,樊宏湍,刘增光,等.低温推进剂火箭发动机预冷方案研究[J].上海航天,2012,29(4):41-48.

[29] 陈刚,赵珂,肖志红.固体火箭发动机壳体复合材料发展研究[J].航天制造技术,2004(3):18-22.

[30] 房雷.复合材料壳体在空空导弹固体火箭发动机中的应用研究[J].航空兵器,2013(2):42-45.

[31] 林德春,张德雄,陈继荣.固体火箭发动机材料现状和前景展望[J].宇航材料工艺,1999(4):1-5.

[32] 解惠贞,崔红,李瑞珍,等.战术导弹固体发动机喉衬材料的发展趋势[J].材料导报,2015,29(5):53-56.

[33] 林飒,彭瑾.固体火箭发动机点火装置安装位置对点火性能的影响研究[J].火工品,2012(5):21.

[34] 孙骑,曲家惠.固体火箭发动机点火装置的技术现状和发展趋势[J].四川兵工学报,2011,32(10):17-20.

[35] 陈俊.碳／酚醛复合材料燃气舵烧蚀及工作特性研究[D].南京:南京理工大学,2013.

[36] 高峰,唐胜景,师娇.推力矢量控制技术在导弹上应用[J].飞航导弹,2010(12):52-59.

[37] 李占国.发动机喷管推力矢量控制研究[D].哈尔滨:哈尔滨工业大学,2014.

[38] 杨钧.高超声速二维进气道性能研究[D].长沙:国防科学技术大学,2011.

[39] 刘凯礼.高超声速进气道动／稳态攻角特性研究[D].南京:南京航空航天大学,2011.

[40] 王振国,梁剑寒,丁猛,等.高超声速飞行器动力系统研究进展[J].力学进展,2009,39(6):716-739.

[41] 汪维娜,王占学,乔渭阳.单斜面膨胀喷管几何参数对流场和性能的影响[J].航空动力学报,2006,21(2):280-284.

[42] 李宁,李旭昌,肖红雨.超燃冲压发动机新技术综述[J].飞航导弹,2013(7):86-93.

[43] VLADIMIR A SABELNIKOV, VYACHESLAV I PENZIN. Scramjet research and development in Russia Scramjet propulsion, vol 189 of progress in astronautics and aeronautics,AIAA, 2000: 223-367.

[44] ANFIMOV N. The Principle directions of Russian activities in research for con-ception of future reusable space transportation system [The program "Oryol" (Eagle)][R]. AIAA 95-6003.

[45] 时兆峰,叶蕾,宫朝霞.俄罗斯高超声速技术发展历程[J].飞航导弹,2014(10):20-22.

[46] ALBERT H BOUDREAU. Status of the U.S. Air force HyTech program[R]. AIAA 2003-6947.

[47] RICHARD B MORRIS. Free jet test of the AFRL HySET scramjet engine model at Mach 6.5and 4.5[R]. AIAA 2001-3196.

[48] 王巍巍,郭琦. 美国典型的高超声技术研究计划[J]. 燃气涡轮试验与研究[J]. 2013,26(3):53-58.

[49] JOSEPH M HANK ,JAMES S MURPHY, RICHARD C MUTZMAN. The X-51A scramjet engine flight demonstration program[R]. AIAA 2008-2540.

[50] SANCHO M. The French hypersonic program PREPHA: progress review[R]. AIAA1993-5160.

[51] DESSORNES O,SCHERRER D,NOVELLI P. Tests of the JAPHAR dual mode ramjet engine[R]. AIAA2001-1886.

[52] 马凌,朱爱平. 法国超燃冲压发动机研究概况及其关键技术[J]. 飞航导弹, 2010(9):69-73.

[53] 范玮,李建玲. 爆震组合循环发动机研究导论[M]. 北京:科学出版社, 2014.

[54] 严传俊,范玮. 脉冲爆震发动机原理及关键技术[M]. 西安:西北工业大学出版社, 2005.

[55] 张智勇,李旭昌,孙超. 脉冲爆震发动机概述[J]. 飞航导弹, 2013(5): 1-4.

[56] HELMAN D,SHREEVE R P, EIDELMAN S. Detonation pulse engine[R]. AIAA 1986-1683.

[57] KAILASANATH K. Recent developments in the research on pulse detonation engines [J]. AIAA Journal, 2003, 41(2):145-159.

[58] SCHAUER F R , MISER C L, TUCKER K C, et al. Detonation initiation hydrocarbon-air mixtures in a pulsed detonation engine[R]. AIAA 2005-1343.

[59] SIEBENHAAR A,BONNAR D K. Strutjet engine paves road to low cost space access[R]. IAF-97-S. 5. 05, 1997.

[60] ANDREW KETCHUM, MARK EMANUEL, JOHN CRAMER. Summary of Rocketdyne engine A5 rocket based combined cycle testing[R]. NASA/TM 1999-0008510.

[61] THOMAS M,JOSEPH M,JOHN P. Affordable flight demonstration of the GTX air-breathing SSTO vehicle concept[R]. NASA 2003-212315.

[62] FAULKNER R F. Integrated system test of an airbreathing rocket (ISTAR)[R]. AIAA 2001-1812.

[63] TOMIOKA S, HIRAIWA T, UEDA S, et al. Sea-level static test of a

rocket ramjet combined cycle engine model[R]. AIAA 2007-5389.

[64] TAKEGOSHI M, TOMIOKA S, UEDA S, et al. Performances of a rocket chamber for the combined-cycle engine at various conditions[R]. AIAA 2006-7978.

[65] JOHAN S. LAPCAT: an EC funded project on sustained hypersonic flight[R]. IAC-2006-C4.5. 01.

[66] 张鹏峰. 国外 RBCC 组合循环发动机发展趋势及关键技术[J]. 飞航导弹,2013(8):68-71.

[67] 杨潮兴, 张志峰, 王建辉, 等. 国外组合推进技术研究现状[J]. 飞航导弹,2012(5):78-84.

[68] SOSOUNOV V A, TSKHOVREBOV M M, SOLOMIN V L, et al. The study of experimental turbo-ramjets [R]. AIAA1992-3720.

[69] HORTON D. National aerospace plane project overview [R]. AIAA1989-5002.

[70] MCNELIS N, BARTOLOTTA P. Revolutionary turbine accelerator(RTA) demonstrator [R]. AIAA2005-3250.

[71] BARTOLOTTA P A, MCNELIS N B, SHAFER D G. High speed turbines: development of a turbine accelerator (RTA) for space access [R]. AIAA2003- 6943.

[72] SAUNDERS J D, STUEBER T J, THOMAS S R. Testing of the NASA hypersonic project's combined cycle engine largescale inlet mode transition experiment (CCE LIMX)[R]. NASA/ TM-2012-217217.

[73] SCOTT THOMAS. TBCC discipline overview[C]. cleveland OH: 2011Technical Conference, 15-17 March, 2011.

[74] MIYAGI H, KIMURA H, KISHI K, et al. Combined cycle engineer search in Japanese HYPR program [R]. AIAA 1998-3278.

[75] 尤严铖, 安平. 欧洲的高超声速推进项目及其项目管理[J]. 燃气涡轮试验与研究,2013,26(6):1-7.

[76] VADIM A T, VLADIMIR V V, OLEG V V, et al. Experimental and 2.5D numerical investigation of the high- speed combustion chamber within the international HEXAFLY-INT project[R]. AIAA 2017-2326.

名词索引

B

泵的气蚀 5.2.2
泵压式供应系统 6.1.2
比冲 3.2
比功率 3.8
比转速 5.2.2

C

侧面燃烧药柱 8.3
超燃冲压发动机 10.1
超声速冲压发动机 1.3.3
车轮形药柱 8.3
冲击涡轮 5.2.1
冲压发动机 1.3
冲压发动机推进效率 9.2.4
冲压发动机循环热效率 9.2.4

D

单膨胀斜面喷管 9.1.1
单室双推力药柱 8.4
单组元推进剂 4.1.1
低温推进剂 4.1.1
端面燃烧药柱 8.3

E

二维进气道 9.1.1

F

发动机的推力 3.1.2
发动机壳体 7.1
反力涡轮 5.2.1
非自燃推进剂 4.1.1
分级燃烧,补燃循环 6.1.2
辐射冷却 5.1.3
复合改性双基推进剂 4.2.3
复合双基推进剂 4.2.3
复合推进剂 4.2.2

G

改性双基推进剂 4.2.3
高度特性 3.1.1
固体火箭冲压发动机 1.4
固体火箭发动机 1.2.2
固体燃料冲压发动机 1.3.4
固体推进剂 4.2
管槽形药柱 8.3
管形药柱 8.3

H

海平面推力 3.1.1
化学火箭发动机 1.1
化学增压 6.2.3
混合比 4.1
混压式进气道 9.1.1

火箭基组合循环发动机 10.3

J

挤压式供应系统 6.1.1

交联改性双基推进剂 4.2.3

进气道质量流量系数 9.1.1

进气道总压恢复系数 9.1.1

进气道阻力系数 9.1.1

进气总压畸变指数 9.1.1

静参数 2.4.1

均质推进剂 4.2

K

可贮存推进剂 4.1.1

空气喷气发动机 1.1

空气涡轮火箭发动机 10.5

L

拉瓦尔喷管 2.6.2

离心喷嘴 5.1.4

量热完全气体 2.1

临界比容 2.4.2

临界温度 2.4.2

临界压强 2.4.2

零维内弹道模型 8.5

流量函数 2.5

M

马赫数 2.2

脉冲爆震发动机 10.2

密度比冲 4.1.2

N

内效率 3.8

内压式进气道 9.1.1

P

排放冷却 5.1.3

排放循环预冷 6.3.2

喷管扩张比,膨胀面积比 3.4

膨胀循环 6.1.2

Q

强迫循环预冷 6.3.2

全流量补燃循环 6.1.2

R

燃气发生器循环 6.1.2

燃速 8.1

燃速的温度敏感系数 8.1.2

热沉冷却 5.1.3

热完全气体 2.1

瑞利线 2.7.1

S

三维侧压进气道 9.1.1

三组元推进剂 4.1.1

烧蚀冷却 5.1.3

声速 2.2

收缩喷管 2.6.1

双基推进剂 4.2.1

双模态超燃冲压发动机 10.1.3

双组元推进剂 4.1.1

速度系数 2.4.3

T

特征速度 3.5

推进效率 3.8
推力矢量控制装置 7.4
推力室 5.1
推力室的推力 3.1.1
推力系数 3.6
推力终止装置 7.5

W

外压式进气道 9.1.1
完全气体 2.1
涡轮泵 5.2
涡轮风扇发动机 1.3
涡轮基组合循环发动机 10.4
涡轮喷气发动机 1.3

X

硝胺改性双基推进剂 4.2.3
星形药柱 8.3

Y

压力的温度敏感系数 8.1.2

亚声速冲压发动机 1.3.3
药柱肉厚 8.2
液体火箭发动机 1.2.1
液体推进剂 4.1
一体化轴对称进气道 9.1.1
异质推进剂 4.2
有效排气速度 3.3

Z

再生冷却 5.1.3
真空推力 3.1.1
直流喷嘴 5.1.4
滞止比容 2.4.1
滞止参数 2.4.1
滞止温度 2.4.1
滞止压力 2.4.1
钟形喷管 5.1.2
锥形喷管 5.1.2
自燃推进剂 4.1.1
自然循环预冷 6.3.2
总冲 3.2